L'énergie du Vent

À tous ceux que les éoliennes interpellent…
et, surtout, à nos enfants.

Avec les contributions de :

Yann ANDRÉ, environnementaliste à la Ligue pour la protection des oiseaux
Jean-Louis BAL, directeur des énergies renouvelables, des réseaux et des marchés énergétiques à l'ADEME
Bernard CHABOT, expert senior au département énergies renouvelables de l'ADEME
Mila GALIANO, chargée de mission projets éoliens au département énergies renouvelables de l'ADEME
Philippe GOUVERNEUR, directeur d'Enertrag France
Jean-Yves GRANDIDIER, administrateur de France Énergie Éolienne (FEE), branche éolienne du Syndicat des énergies renouvelables (SER)
Olivier KRUG, directeur de Krugwind
Marion LETTRY, responsable du secteur éolien au Syndicat des énergies renouvelables (SER)
Paul NEAU, directeur d'Abies, consultant en études d'impact environnemental
Jean-Marc NOËL, expert indépendant, pionnier du petit éolien français
Marc VERGNET, président-directeur général de Vergnet SA

Vous pouvez consulter notre catalogue général et l'annonce de nos prochaines parutions
sur notre site Internet : cherche-midi.com

Sous la direction de Philippe Rocher

L'énergie du Vent

Les éoliennes au service des hommes et de leur planète

Collection
« Ciels du monde »

ADEME
Agence de l'Environnement et de la Maîtrise de l'Énergie

le cherche midi

Sommaire

AVANT-PROPOS - Michèle PAPPALARDO

L'énergie éolienne est l'objet d'un étonnant paradoxe : elle est, à la fois, plébiscitée par une très grande majorité de Français et contestée avec force par certains. Son développement en France soulève régulièrement des débats passionnés et parfois irrationnels. Les polémiques soulevées se fondent souvent sur des préoccupations légitimes qu'il convient de traiter sérieusement.

Cet ouvrage collectif, coordonné par Philippe Rocher, a le grand mérite d'apporter des réponses claires à des questions essentielles et de montrer que cette énergie a toute sa place dans l'arsenal des moyens à mettre en œuvre pour juguler le changement climatique. Même dans notre pays où l'électricité est peu émettrice de gaz à effet de serre, l'énergie éolienne permet d'éviter de notables émissions de dioxyde de carbone et de diminuer notre dépendance à l'égard des combustibles fossiles importés. La croissance que la France connaît dans ce domaine depuis deux ans a, de plus, permis de créer de nombreux emplois industriels, ce qui est une réalité méconnue.

En face de ces enjeux, il ne faut, néanmoins, pas négliger de maîtriser les impacts négatifs que peut engendrer ce développement, comme, d'ailleurs, celui de toutes les formes d'énergie. Ce livre illustre de façon très pédagogique les différents impacts possibles sur l'homme, le paysage et le milieu naturel, les moyens d'en limiter les conséquences et la nécessité d'organiser une réelle concertation populaire autour de tous nouveaux projets.

Michèle PAPPALARDO

Présidente de l'ADEME
Agence de l'Environnement et de la Maîtrise de l'Énergie

Éoliennes V90 de 3 MW du parc offshore de Kentish Flats en Grande-Bretagne.

Parc éolien de Saint-Étienne-de-Ludgarès, Ardèche.

DEPUIS DES MILLÉNAIRES, L'HOMME CONSTRUIT SON PAYSAGE, LE MODIFIE, LE FAÇONNE SELON SES BESOINS, SES ENVIES, SES URGENCES DU MOMENT

Parc éolien de Bouin en Vendée, vu du passage du Gois qui relie, à marée basse, l'île de Noirmoutier au continent.

INTRODUCTION

De tout temps l'homme s'est inquiété du changement. Imaginons un instant les états d'âme de nos ancêtres à la vue des premières cathédrales lentement sorties de terre et s'élançant vertigineusement dans le ciel de villes basses. On leur expliqua la valeur hautement symbolique de ces édifices de pierre, de bois et de verres multicolores. On leur expliqua le pouvoir et l'énergie, sur un plan spirituel, de ces monuments transcendants. L'acceptation s'est installée, première étape vers l'appropriation. Une fois l'objet bien connu, l'appréhension s'est transformée en fierté.

En sera-t-il de même avec l'éolien ? Faut-il imaginer que la première vertu de l'éolien est extrêmement symbolique ? Ces colosses d'acier et de matériaux composites seraient-ils une nouvelle illustration du travail de l'Homo faber et de son pouvoir énergétique ? Ou bien faut-il considérer les éoliennes comme des signaux de notre avidité d'énergie, rappels incontournables de notre civilisation autant électrifiée que sous perfusion de l'or noir ? Une ombre à notre attitude contemplative de l'évolution, destinée à nous rappeler qu'à tout instant, directement ou indirectement, nous consommons de l'énergie, beaucoup d'énergie.

Quoi qu'il en soit, le monde change, notre environnement évolue vite et les populations sont divisées. Les sentiments qu'inspirent les éoliennes sont aussi variés que passionnés.

Certains avancent qu'aucun de nos paysages civilisés n'est « naturel » : un bocage normand, un champ de lavande tiré au cordeau, un petit port de pêche, un château majestueux au bout d'une route bordée de platanes... que reste-t-il de très naturel dans tout cela ? D'autres mettent en avant l'intérêt d'un arrêt sur image, sur des valeurs patrimoniales ou sur des paysages devenus emblématiques. Ne plus rien changer, à partir de maintenant.

Depuis des millénaires, l'homme construit son paysage, le modifie, le façonne selon ses besoins, ses envies, ses urgences du moment. Aujourd'hui, les éoliennes commencent à peupler nos campagnes et dessinent un nouvel environnement. Leurs bouquets blancs poussent dans les plaines et participent à notre fameux « mix énergétique ». Nous avons tellement besoin d'énergie, qu'il faut utiliser toutes les solutions, sans oublier de commencer par maîtriser sérieusement nos consommations.

Dans ce contexte bouillonnant, de nombreuses questions se posent à propos des éoliennes : leur utilité, leur compétitivité, leur technologie, leur impact sur l'environnement, leur nombre... Ce livre tente d'y répondre.

Contexte et enjeux

Parc éolien de Kergrist dans le Morbihan.

LE VENT EST UNE FORCE CONSIDÉRABLE ET INÉPUISABLE
QU'IL FAUT UTILISER QUAND ELLE PASSE

Parc éolien de Janville en Eure-et-Loir.

La justification des éoliennes - Jean-Louis BAL

Sur l'pont des Arts, prends garde à ton jupon ! C'est vrai qu'il est fripon, le vent. Turbulent aussi, il en a rendu fou plus d'un en venant à travers la montagne. Indomptable, plus encore. Personne n'a encore réussi à le faire souffler quand il a décidé de se reposer, ni à l'arrêter quand il s'obstine à nous décoiffer. Alors, pourquoi faut-il construire des éoliennes ? Faudrait-il, dans ce cas, se résigner à ne s'éclairer que lorsqu'Éole le veut bien ? Ou doubler chaque éolienne d'un moteur à gaz ou à pétrole qui viendrait la secourir en cas de pétole ? Non, car l'homme a depuis longtemps compris que, s'il ne pouvait dompter le vent, il pouvait employer la ruse contre lui.

Les marins n'ont-ils pas appris à naviguer à la voile contre le vent en tirant des bords ? Pour en arriver là, ils ont d'abord dû apprendre à bien le connaître. Le vent est une force considérable et inépuisable qu'il faut utiliser quand elle passe et il est vrai que, lorsqu'il s'arrête, d'autres sources d'énergie doivent prendre le relais. Alors, où est le bénéfice ?

D'abord, le vent a la bonne idée de souffler plus souvent, plus fort et plus régulièrement quand nous consommons plus d'électricité, c'est-à-dire en hiver. Ensuite, comme la nature aime la France, elle l'a dotée de trois « bassins » éoliens, mer du Nord, Atlantique et Méditerranée, indépendants les uns des autres. Il y en a toujours au moins un qui fonctionne. Si nous disposons bien les éoliennes sur notre territoire, il y a donc toujours une production d'électricité assurée. Il n'en reste pas moins que, le fonctionnement n'étant pas régulier, il faut des productions complémentaires. Or, ces moyens existent déjà, centrales au gaz, au fioul ou au charbon, polluantes ou centrales nucléaires et hydrauliques n'émettant pas de gaz à effet de serre. Comme la nature aime vraiment beaucoup la France, elle l'a pourvue de nombreux cours d'eau en régions montagneuses sur lesquels nous avons pu construire des barrages hydrauliques qui sont encore plus dociles que le vent n'est indomptable. Quand le vent souffle, nous pouvons préserver les ressources de ces barrages. Quand il s'arrête, il suffit de quelques minutes pour envoyer sur le réseau toute la puissance qui viendrait à manquer, d'autant plus facilement que l'homme a appris à bien connaître le vent et qu'il peut prédire sa puissance avec plus d'un jour d'avance. Les éoliennes servent aussi et surtout à faire tourner moins souvent les centrales à énergies fossiles qui envoient dans l'atmosphère tant de gaz carbonique.

Ce n'est certes qu'une partie de la solution à la dérive du climat, mais il ne faut pas la négliger. Il faut au contraire que ces majestueuses sculptures mobiles parsèment nos paysages pour nous rappeler sans cesse que l'ère du gaspillage est terminée et qu'il faut entrer dans la société de la sobriété raisonnée et partagée.

Alors, faut-il mettre des éoliennes sur le pont des Arts ? Non, le vent y est décidément trop fripon, mais pourquoi pas sur la plage de Sète où Georges Brassens, qui passe sa mort en vacances, ne se lasserait pas du chuintement mélodieux de ces moulins à vent du XXIe siècle ?

Parc éolien d'Ally
en Haute-Loire.

Le vent souffle partout dans le monde

L'énergie éolienne est une énergie locale, décentralisée, disponible dans tous les pays.

Au contraire des énergies fossiles et fissiles, les gisements en vent sont répartis partout dans le monde. Aujourd'hui, plus de 60 pays disposent d'éoliennes injectant leur production sur le réseau électrique. En France, sur 22 régions, 19 sont équipées de parcs éoliens.

Le vent est une force considérable et inépuisable qu'il faut savoir utiliser.

Parc éolien de Goulien, situé près du cap Sizun, à 12 km à l'est de la pointe du Raz dans le Finistère. Installé sur un plateau à 90 m d'altitude, et soumis aux vents puissants que sont le nord et le suroît, ce parc produit annuellement 15 millions de kWh, soit la consommation électrique de plus de 5 700 foyers (hors chauffage et eau chaude).

Parc éolien d'Ally en Haute-Loire.

Actuellement, l'Europe représente plus de 65 % de la production d'électricité éolienne mondiale. Poussés par une production d'électricité majoritairement d'origine fossile, l'Allemagne et le Danemark, par exemple, valorisent depuis longtemps leur ressource éolienne. Le vent y souffle pourtant moins fort qu'en France qui possède le second gisement européen derrière le Royaume-Uni.

Tant qu'il y aura du soleil et des nuages, il y aura du vent. C'est un phénomène naturel provoqué par la différence d'échauffement de grandes masses continentales et océaniques.
La production d'électricité d'un parc éolien est directement proportionnelle à la qualité du gisement en vent du site. Lors des campagnes de mesures, sa régularité est autant étudiée que sa force.

Avec les nouvelles technologies disponibles aujourd'hui partout dans le monde, des pays se tournent vers l'éolien. Au Maroc, plusieurs grands parcs fonctionnent déjà, ou sont en construction. L'objectif est de doter le pays de près de 1 000 MW éoliens d'ici 2012.
Mis en service en août 2000, Al Koudia Al Baïda est constitué de 84 aérogénérateurs de 600 kW, répartis sur une crête nord-sud de 8 km de long. Avec 50,4 MW de puissance totale, sa production annuelle d'électricité est d'environ 200 millions de kWh, soit 2 % de la consommation électrique du Maroc.

De haut en bas :
Parc éolien de Lelystad aux Pays-Bas.
Parc éolien de Plouguin-Lescoat dans le Finistère.
Parc éolien d'Al Koudia Al Baïda au Maroc dans la province de Tétouan, près du détroit de Gibraltar.

Parc éolien de Bougainville dans la Somme.

Parc éolien de Rosslare en Irlande.

Intermittent ne signifie pas aléatoire ou imprévisible

Les sources d'énergie renouvelables sont complémentaires. Certaines sont stockables, d'autres pas. Certaines produisent de la chaleur, comme le solaire thermique, la biomasse ou la géothermie. D'autres produisent des carburants. Enfin, d'autres produisent de l'électricité, comme les barrages hydroélectriques, les modules solaires photovoltaïques, ou les éoliennes.

Cette diversité et cette complémentarité constituent un avantage pour la sécurisation énergétique.

L'énergie éolienne est intermittente, mais prévisible à court terme. Sa variabilité n'est pas un handicap, car les progrès de la modélisation et de la prévision météorologique sont considérables. Des pays comme le Danemark, l'Allemagne ou l'Espagne, pionniers dans la production d'électricité d'origine éolienne, savent l'estimer quelques heures à l'avance, avec de plus en plus de précision. Des programmes de recherche sont en cours pour porter la prévision à quelques jours.

Au fil des années, malgré la variabilité importante de nos consommations électriques, les gestionnaires de réseaux ont appris à anticiper les variations de l'appel de puissance des consommateurs. Ceci en fonction d'une multitude de facteurs : jour de la semaine, heure, saison, température, humidité... Les variations du vent ne sont pas plus difficiles à gérer que celles du consommateur d'électricité. Elles constituent une nouvelle donnée à intégrer dans les modèles.

L'éolien représente ainsi un challenge - et un nouveau métier - pour les gestionnaires des réseaux électriques, aidés dans leur tâche par les météorologues et de puissants outils informatiques de calcul et de modélisation.

À l'échelle d'un grand territoire, le vent souffle toujours quelque part

Le vent est une forme dérivée de l'énergie solaire. Il est la conséquence d'un rééquilibrage permanent entre les zones de hautes et de basses pressions.

En France, trois régimes climatiques différents et complémentaires sont présents : océanique, continental et méditerranéen. Selon le principe du foisonnement, le vent souffle toujours quelque part, car l'anticyclone ne couvre jamais toute la France.

Les experts du RTE (Réseau de transport d'électricité) ont calculé qu'un parc éolien national de 10 000 MW, réparti sur les trois régions climatiques, aurait une puissance minimale garantie de 2 800 MW.

De plus, le vent est souvent en phase avec nos consommations électriques : il y a plus de vent en hiver, quand nos besoins sont à leur maximum.

Parc éolien de la Haute-Lys dans le Pas-de-Calais.

Quand la bise fut venue...

Lorsqu'un anticyclone s'installe sur le nord de l'Europe, il fait froid. Un froid sec et sans vent. Le réseau électrique est sollicité pour alimenter nos habitations, nos lieux de travail et tous les bâtiments tertiaires. Les moyens de production d'électricité sont essentiellement nucléaires pour la base, hydrauliques et thermiques au fioul pour la pointe. L'éolien ne contribue que marginalement à ce mix.

C'est alors que se lève un vent froid et glacial, venu du nord-est. L'appel de puissance augmente sur le réseau électrique. Fin de journée d'un mois d'hiver, un record de consommation va encore être battu.

Dans ces moments critiques, une bise peut venir changer la donne. Elle évite le démarrage des dernières réserves de puissance, les plus coûteuses et les plus polluantes. Il n'y a pas qu'en été que l'éolien évite des rejets de dioxyde de carbone (CO_2).

Énergie éolienne et compétitivité - Bernard CHABOT

« L'eau vient du robinet, l'électricité de la prise, l'argent de la banque. » Eh bien non ! Chacun sait que ce n'est pas si simple. Et saint Augustin l'avait expliqué depuis longtemps pour l'énergie éolienne : « Dieu fournit le vent, l'homme doit hisser les voiles ! »

De nos jours, la nature nous fournit toujours gratuitement la force du vent. Mais pour en tirer de l'électricité, la forme la plus noble de l'énergie, le sage et rusé Homo sapiens, qui s'était déjà fait la main sur les moulins à vent pour moudre son grain, doit maintenant mobiliser ses ressources scientifiques et industrielles pour construire, installer et exploiter les grandes éoliennes. Cela ne va pas sans recourir aussi à deux règles de base, apparues il y a plus de cinq millénaires avec les échanges commerciaux : le prix de vente d'un produit, en l'occurrence le kWh d'électricité éolienne, doit être égal à son prix de revient, augmenté d'un bénéfice honnête. Seconde règle : trouver un client qui accepte ce prix de vente.

Comme pour toutes les nouvelles formes d'énergie à leur début, le kWh éolien a été, et est encore, plus cher que l'électricité fournie par les grandes centrales classiques, qu'elles soient hydrauliques ou thermiques. Malgré cela, du fait des avantages pour l'environnement des énergies renouvelables et de leur volonté de diversifier leurs approvisionnements énergétiques, des États ont décidé de « donner un coup de pouce » à la production d'électricité éolienne.

À la fin du siècle dernier, les pionniers ont été la Californie, puis le Danemark, suivis par l'Allemagne et l'Espagne. Au début de notre siècle, ce fut le cas de la majorité des pays européens, dont la France *via* des « tarifs éoliens équitables et efficaces » décidés par les pouvoirs publics en 2001 et confirmés en 2006. Ce tarif (8,2 centimes d'euro par kWh au début d'un projet éolien en France) entraîne un « surcoût » qui est équitablement réparti entre tous les consommateurs d'électricité. Sa valeur par kWh a déjà fortement diminué avec l'augmentation du prix de gros de l'électricité qui sert de référence à son calcul officiel. Et d'ici dix à vingt ans, ce « coup de pouce » à l'éolien en Europe sera devenu marginal ou réservé aux nouvelles applications comme l'éolien en mer. En 2006, la France a produit environ 6 milliards de kWh d'électricité par énergies renouvelables, dont 2,2 d'origine éolienne. La compensation tarifaire de cette production a représenté moins de 1,6 euro par consommateur, sur les 26 euros de sa contribution au service public de l'électricité (la « CSPE » qui figure sur les factures d'électricité).

Comme pour tout investissement préparant l'avenir, cette contribution pourra être considérée par certains comme trop lourde, en particulier s'ils omettent de prendre en compte les bénéfices en terme de création d'emplois. De moins de cent emplois en éolien en France en 1990, on est passé à plusieurs milliers de nos jours, et il faudra compter en dizaines de milliers à l'horizon 2015. S'ajoute à cela une contribution évidente au développement durable et à l'économie locale.

C'est bien cette vision de long terme qu'il faut avoir présente à l'esprit, et non la brièveté des polémiques. Souvenons-nous de la réflexion de l'évêque de Sisteron, Louis-Jérôme de Suffren, au sujet du canal de Saint-Tropez qu'il fit creuser avant la Révolution et qui décupla la valeur des terres, malgré l'opposition initiale de ses ouailles : « Les pères me maudissent, les fils me béniront ! »

Parc éolien d'Assigny en Seine-Maritime.

Éolien et développement local

Énergie décentralisée par nature, l'énergie éolienne participe au développement local. Un parc éolien apporte de la richesse dans le milieu rural. Comme l'agriculture, les mines ou les carrières, l'exploitation de l'énergie du vent est une activité de type primaire, qui trouve sa place dans les zones rurales.

La taxe professionnelle versée par les opérateurs éoliens est parfois critiquée, car elle fausserait l'acceptation des éoliennes en milieu rural. Cette recette locale obtenue grâce aux éoliennes est de même nature que celle provenant d'autres aménagements, pourtant souvent moins « durables ». Faut-il supprimer les éoliennes ou faut-il supprimer la taxe professionnelle ? Pourquoi refuser l'apport de richesse à des communes rurales, éloignées des grands centres urbains et des infrastructures de transports, et où les créations de nouvelles activités sont particulièrement rares ? L'expérience montre que cette recette financière est souvent utilisée pour la réalisation d'équipements de base, utiles à la collectivité.

De plus, la procédure des zones de développement éolien, souvent portée par des groupements de communes, permet de faire bénéficier de cette taxe professionnelle non seulement la commune d'accueil des éoliennes, mais également les communes riveraines.

Le coût de l'éolien

Le coût du kWh éolien a la particularité d'être « net ». L'absence de pollution induite par ce système de production d'électricité fait que les « coûts externes » à prendre en compte sont infimes et sans commune mesure, par exemple, avec ceux d'une centrale thermique alimentée avec des combustibles fossiles.

Dans le contexte économique actuel, le coût du kWh éolien est proche de celui des productions classiques d'électricité. De plus, ce coût est indépendant du prix du baril de pétrole, pour lequel tous les experts confirment qu'il continuera d'augmenter.

Une éolienne de 2,5 MW installée sur site et prête à produire revient à plus de 3 millions d'euros. Outre le prix d'achat de la machine, ce coût intègre toutes les études préalables, les travaux de génie civil, de raccordement, d'aménagement du site, de construction, de mise en route et, le cas échéant, les mesures environnementales. Enfin, le prix du démantèlement des éoliennes est inclus dans le coût global du projet.

Le financement de la filière éolienne

Le kWh éolien est acheté par les opérateurs d'électricité, principalement EDF, à un prix bonifié fixé par arrêté. Cette bonification est répercutée sur la facture du consommateur, par intégration dans la ligne intitulée « contribution au service public de l'électricité (CSPE) ».

Contrairement à une idée reçue, c'est donc le consommateur d'électricité qui paie le soutien à l'éolien, et non le contribuable.

La CSPE, qui figure en bas des factures d'électricité, est due par tous les clients, quel que soit leur fournisseur. Elle est appliquée sur le nombre de kWh consommés.

Cette « taxe » permet aux distributeurs d'électricité (EDF et les entreprises locales de distribution) d'être compensés pour les surcoûts liés à la mission de service public qui leur est attribuée. Par ordre d'importance de contribution :

- La péréquation tarifaire, qui absorbe environ 39 % de la CSPE, est destinée à intégrer le surcoût de la production électrique dans les zones non connectées au réseau national : Corse, départements d'outre-mer, îles...
- L'obligation d'achat de l'électricité produite par la cogénération de gaz (production simultanée d'énergie mécanique et de chaleur), qui représente environ 29 % de la CSPE.
- L'indemnisation des producteurs dont les clients éligibles souhaitent revenir au régime des « tarifs réglementés ». Ce dispositif récent absorbe environ 23 % de la CSPE.
- L'obligation d'achat de l'électricité produite par les énergies renouvelables (éolien, hydraulique, géothermie, photovoltaïque et biomasse) qui représente environ 5 % de la CSPE, dont pour l'instant les trois quart pour l'hydraulique et l'éolien.
- Les aspects sociaux de la fourniture d'électricité, en particulier depuis son classement en « bien de première nécessité » en juillet 2006 (environ 4 %).

Aujourd'hui, la CSPE s'élève à 0,0045 euro HT par kWh. Selon les calculs de coûts prévisionnels de la Commission de régulation de l'énergie (CRE), elle pourrait passer à 0,0034 euro HT par kWh.

Cette baisse de près d'un quart est intéressante à l'heure où certains évoquaient la « pression financière » qu'engendrent la hausse des tarifs d'achat et l'envol de l'éolien.
Pourquoi cette baisse ? La hausse des cours de l'électricité fait que la différence entre les tarifs de marché et les tarifs d'achat diminue. La compensation étant basée sur cette différence, la part de la CSPE liée aux obligations d'achat connaît une forte baisse.

Page de gauche : Parc éolien du Haut-Corlay dans les Côtes-d'Armor.
À droite : Parc éolien d'Ally en Haute-Loire.

Les acteurs de l'éolien - Marion LETTRY

Après un démarrage lent et difficile, la filière éolienne française prend enfin son envol. En 2006, avec 810 MW éoliens installés dans l'année, la France a constitué le troisième marché européen derrière les leaders historiques que sont l'Allemagne et l'Espagne.

La filière éolienne française se structure et se professionnalise. Et si on peut encore à ce jour regretter de ne pas avoir un grand constructeur français d'éoliennes, les choses évoluent. Si l'on regarde le marché de l'éolien en France d'un peu plus près, on s'aperçoit que les français sont partout !

D'ores et déjà, de nombreux sous-traitants français fournissent les constructeurs d'éoliennes en composants de toutes sortes. Ils fabriquent des résines polyester pour les pales d'éoliennes, des freins à disques, des roulements à billes, des feux de balisage des nacelles, des collecteurs électriques tournants en bronze, en acier ou en carbone, des génératrices, mais aussi des pales, des mâts, des moyeux, voire des boulons...

Rollix Defontaine, basé à Saint-Herblain, près de Nantes, fabrique depuis 1988 des couronnes d'orientation pour les pales et détient 38 % du marché européen. Carbone Lorraine fabrique des composants essentiels au fonctionnement des machines tournantes électriques (balais, porte-balais, frotteurs pour captage de courant, baguiers, systèmes de transfert de signaux...). Areva T&D, à Toulouse, est un fournisseur privilégié des plus grands fabricants mondiaux d'éoliennes et des gestionnaires de parcs. Il propose l'ensemble des moyens nécessaires au raccordement des parcs au réseau électrique et à leur gestion (sous-station, transformateur, système de gestion...). Présent sur ce créneau depuis dix ans, Areva T&D a participé à la connexion au réseau de plus des deux tiers des centrales éoliennes françaises.

Aerocomposit Occitane, à Béziers dans l'Hérault, produit des pales d'éoliennes, principalement pour Vergnet, seul fabricant français d'éoliennes de moyenne puissance, installé à Orléans.

Chaudronnerie de l'Est, à Golbey dans les Vosges, fabrique des mâts éoliens, ainsi que leurs équipements électriques et leur accès sécurisé. Siag, basé au Creusot dans la Saône-et-Loire, est l'un des principaux fournisseurs de produits issus de l'acier pour les éoliennes. Différents opérateurs, comme par exemple Amec Spie basé à Toulouse, prennent en charge la réalisation de l'ensemble des travaux : terrassement, génie civil des fondations, équipements électriques, levage et montage, mise en service, exploitation et maintenance, afin de garantir les performances et la fiabilité des parcs.

Le rachat du constructeur espagnol Ecotécnia par Alstom n'est également pas passé inaperçu... On peut désormais penser qu'un jour, pas si lointain, plusieurs unités de construction de mâts, de pales et autres gros composants d'éoliennes, s'implanteront en France.

Ces évènements pourraient être à l'origine de plusieurs milliers de nouveaux emplois et de création de richesses dans notre pays.

Parc éolien d'Ally en Haute-Loire.

Le territoire des éoliennes

Tout comme les réseaux de télécommunications, ou ceux qui transportent et traitent l'eau potable, les parcs éoliens appartiennent principalement à des investisseurs privés. Il n'existe aucun monopole de la production d'électricité éolienne. Aujourd'hui, les grands projets éoliens sont développés soit par opérateurs privés, soit par des compagnies de distribution d'énergie, EDF en tête, soit par des particuliers regroupés.

Ces derniers passent alors du rôle de clients spectateurs à celui d'acteurs. Le parc éolien de Roussas, dans la Drôme, appartient à vingt-sept particuliers qui se sont rassemblés pour apporter les fonds propres nécessaires au projet et convaincre une banque de leur prêter le reste du financement.
Le type d'investisseurs n'a rien à voir avec la qualité des parcs éoliens. Les règles sont les mêmes pour tous en ce qui concerne le montage du projet, la concertation avec les riverains, les études de faisabilité technique et environnementale, les autorisations, les procédures, la construction, l'entretien et le démantèlement en fin d'exploitation.

Qui sème le blé récolte le vent

La production d'électricité par les éoliennes est parfaitement compatible avec les activités agricoles. En France, le loyer moyen accordé au propriétaire du terrain varie de 1 000 à 2 500 euros par an et par éolienne. Cette large fourchette résulte de plusieurs facteurs : la puissance des machines installées, l'exposition du terrain au vent, les facilités d'accès et de raccordement, les autres usages locaux de la terre.

L'implication des agriculteurs dans l'éolien leur permet de mettre en valeur une ressource naturelle jusqu'alors inexploitée, le vent, et de dégager des revenus complémentaires attractifs.

Par ailleurs, certains agriculteurs ne se limitent plus à la location du terrain, mais s'associent pour financer partiellement le développement de projets sur leurs terres. La voie a été ouverte par un agriculteur de Pogny, près de Châlons-en-Champagne, dans la Marne, et d'autres partenariats ont vu le jour en France, notamment près de Chartres.

Parc éolien de Bougainville dans la Somme.

La réussite d'un projet éolien passe par la concertation

Cette concertation avec la population locale doit être menée très en amont et la transparence doit être respectée. Tous les acteurs sont largement informés sur les objectifs et le contexte de la réalisation et peuvent s'exprimer à tous les stades de l'avancement du projet.

Plusieurs méthodes éprouvées de concertation sont mises en place au niveau local, départemental ou régional. Des comités sont créés afin de regrouper les interlocuteurs concernés. En amont, ils élaborent des chartes qui définissent les règles de bonne conduite. Au niveau de communautés de communes ou de pays, les projets éoliens sont mis en cohérence avec les projets de territoire. Localement, un comité de suivi permet de réunir les élus, les représentants d'associations de riverains ou de protection de la nature, les porteurs du projet éolien, les médias. Toutes ces instances sont des lieux d'écoute et d'échanges destinés à favoriser un développement concerté de l'éolien.

La France jouant un rôle de plus en plus significatif dans l'éolien, les *a priori* concernant le bruit, les oiseaux et les paysages sont peu à peu tombés. Les habitants concernés par un projet peuvent maintenant visiter un parc existant et discuter avec des riverains. Le futur parc est ainsi étudié plus sereinement, et son intégration est optimisée selon des critères objectifs.

La réussite d'un projet éolien passe ensuite par son appropriation par la population locale. Les éoliennes sont souvent le but d'une promenade, d'une randonnée ou d'une visite organisée.
Généralement, les visiteurs sont impressionnés par la qualité de l'intégration paysagère et convaincus du caractère réellement propre et renouvelable de l'électricité produite.

Autour de l'éolien, de plus en plus d'initiatives de tourisme technologique ou d'écotourisme voient le jour. Des panneaux d'information détaillés renseignent les visiteurs sur le fonctionnement des éoliennes, leur production, le nombre de consommateurs alimentés, les retombées économiques. Selon le site, des informations sont apportées sur la faune et la flore avoisinantes, sur la protection de l'environnement, sur l'éolien dans le monde...

Parc éolien de Plouyé dans le Finistère.

Parc éolien de Bouin en Vendée.

En haut : Parc éolien de Caurel-Saint-Mayeux dans les Côtes-d'Armor.
En bas : Parc éolien de Goulien dans le Finistère.

Parc éolien d'Assigny en Seine-Maritime.

Des parcs éoliens à échelle humaine

La production moyenne d'une éolienne moderne de 2 MW de puissance correspond à la consommation électrique d'environ 2 000 foyers (hors chauffage et eau chaude). En milieu rural, le nombre de riverains percevant un parc éolien, sur un rayon de quelques kilomètres, est en général du même ordre de grandeur que le nombre d'habitants dont la consommation électrique est en moyenne couverte par ces éoliennes.

Fin 2006, plus de 70 000 MW éoliens étaient déjà opérationnels à travers le monde. L'énergie électrique produite par ces éoliennes correspond à la consommation domestique d'environ 67 millions de foyers (hors chauffage et eau chaude) !

La répartition territoriale des sites éoliens

Les parcs éoliens ont été installés en priorité sur les territoires bien ventés : le Languedoc-Roussillon, notamment dans le département de l'Aude, le Pas-de-Calais, la Bretagne, le littoral de la Manche, la vallée du Rhône... Aujourd'hui, la structure du tarif d'achat de l'électricité éolienne permet une bonne répartition géographique. Plus le site est venté, moins le tarif d'achat est élevé. Ce dispositif financier, mis en place pour soutenir l'éolien, a permis une répartition territoriale équilibrée des projets. Par ailleurs, il évite des rentes indues de situation. Le choix de ce mécanisme a facilité le démarrage de la filière.

Parc éolien de la serre d'Oupia dans l'Aude.

Limite de la part de l'énergie éolienne sur le réseau électrique - Bernard CHABOT

Les possibilités de contribution de l'énergie éolienne sur un réseau électrique évoluent rapidement, mais on peut faire une synthèse à partir d'études récentes et de taux de pénétration réels déjà relevés : plus de 20 % au Danemark depuis 2004, plus de 33 % en 2006 dans trois Länder allemands (Saxe-Anhalt, Schleswig-Holstein, Mecklenburg-Vorpommern). Par ailleurs, des objectifs ambitieux ont toutes les chances d'être réalisés, comme les 50 % d'électricité d'origine éolienne en 2025, visés par le Danemark, avec l'accord et l'appui des opérateurs locaux des réseaux de transport d'électricité.
Une étude de l'agence allemande de l'énergie (DENA) valide la faisabilité des solutions et des coûts pour une pénétration éolienne de 15 % en 2015, soit 36 milliers de MW d'éolien (sur plus de 47 milliers de MW d'électricité produits par sources d'énergies renouvelables à cet horizon) pour une production éolienne de plus de 77 millions de MWh par an, dont 42 % à partir d'installations en mer.
Il est intéressant de noter que ces 15 % d'électricité d'origine éolienne ne nécessiteraient pas la construction de nouvelles capacités de production classiques pour assurer l'équilibre offre-demande. Par ailleurs, le réseau haute tension n'aurait besoin d'être étendu ou rénové que de 5 % au maximum, soit 850 km.

Une étude de l'Agence internationale de l'énergie (AIE) rappelle les solutions possibles pour atteindre sans surcoûts importants des taux de pénétration de l'éolien de 15 à 20 % :
- Aménagement des règles de fonctionnement des marchés de l'électricité sans pénaliser l'éolien.
- Recours au pompage-turbinage pour stocker l'énergie. Cette solution est largement disponible et déjà mise en œuvre en Europe du Nord pour des échanges entre le Danemark et la Norvège. En Oregon, aux États-Unis, un producteur éolien peut envoyer sa production éolienne à un opérateur qui pompe de l'eau et la stocke dans un lac en amont. Celle-ci est alors mise à sa disposition ultérieurement sous forme de puissance garantie fixe. Compte tenu de la valeur sur les marchés de l'électricité d'une puissance garantie, on voit que le léger surcoût de l'opération de pompage-turbinage est largement compensable à la vente du kWh éolien, ainsi devenu « garanti ».
- Utilisation du foisonnement (de la complémentarité) entre les gisements éoliens et les autres filières d'énergies renouvelables (biomasse, géothermie, solaire).

À ces solutions, s'ajoute l'optimisation des éoliennes pour faciliter leur insertion sur les réseaux. S'il y a du vent, les éoliennes contribuent comme les centrales classiques à éviter l'écroulement du réseau. Par exemple, en cas de tempête sur une grande zone géographique, les parcs seront arrêtés progressivement.
L'aérogénérateur moderne n'est ainsi plus un « perturbateur du réseau » mais il participe à sa stabilité, à sa sécurité et à la qualité des services électriques fournis.
L'argument des limites « naturelles » de pénétration de l'énergie éolienne sur les réseaux électriques, souvent cité depuis vingt ans pour conclure à la « marginalité éternelle » de cette filière, s'est progressivement révélé artificiel et surestimé. Certes, aller jusqu'à 15 ou 20 % de pénétration en énergie éolienne nécessite de la matière grise, de la bonne volonté réciproque des producteurs éoliens et des gestionnaires de réseaux, ainsi qu'un peu de dépenses d'investissement et de gestion sur les systèmes électriques. Mais ces solutions techniques et organisationnelles et leurs coûts associés n'ont rien d'impossible, de rédhibitoire ou d'extravagant, surtout en prenant en compte les coûts futurs des énergies conventionnelles et de la lutte contre le changement climatique.

Parc éolien de Plouyé dans le Finistère.

Vestas

Les éoliennes

Parc éolien de Lanfains dans les Côtes-d'Armor.

Une énergie éternelle

La plus ancienne éolienne connue serait une panemone chinoise datant de plusieurs siècles av. J.-C. Faites de toiles tendues sur des cadres de bambous, ces machines « modernes » étaient utilisées pour relever l'eau ou moudre le blé. Deux millénaires plus tard, en Crête, on les utilisait pour extraire l'huile des olives.

Au cours des quinze dernières années, les éoliennes ont fait l'objet de beaucoup de développements technologiques. Mis à part leur taille qui a été multipliée par deux ou trois, de nombreux autres aspects ont été optimisés. Leur productivité, bien sûr, mais aussi leur fiabilité, l'isolation phonique des nacelles, ou encore leur esthétique.

Entre la première « grande » éolienne installée en France en 1991 et celles des parcs actuellement en construction, il y a autant de différences qu'entre une locomotive diesel et un TGV. Dans un cas comme dans l'autre, les deux continuent à coexister, mais les éoliennes modernes font largement appel à l'électronique et à l'informatique pour contrôler leur fonctionnement, suivre et optimiser leur production, assurer leur sécurité et celle des riverains.

Par exemple, les éoliennes d'un même parc sont reliées entre elles par réseau de fibres optiques et contrôlées informatiquement par liaison téléphonique.

Page de gauche :
Moulin traditionnel vendéen en bord de mer.

Parc éolien d'Ally en Haute-Loire.

Éoliennes d'autrefois - Jean-Marc NOËL

Les sources sur l'histoire ancienne de l'énergie éolienne divergent, notamment sur la date exacte d'apparition des premières machines éoliennes : quelques siècles av. ou apr. J.-C. L'accord se fait toutefois sur la localisation de leur apparition et sur leur typologie. Les premières machines éoliennes ont été installées dans le Seistan, province située de nos jours à cheval sur l'Iran et l'Afghanistan. Ces machines « à traînée différentielle » étaient adaptées à une seule direction : le vent des cent vingt jours, ou levar.

À peu près simultanément sont apparues les « panemones », développées dans les régions côtières chinoises. Des perches de bambou qui portent des voiles de jonc tressé, identiques à celles des jonques, sont articulées en leur milieu. Un ingénieux système de câbles empêche la voile de pivoter sur elle-même lorsque la machine tourne dans le vent. Une force motrice régulière est ainsi transmise à l'axe du système. L'avancée technologique par rapport à la machine iranienne est que cette machine est indifférente à la direction du vent.

Les moulins à vent, illustrés par Alphonse Daudet, sont apparus aux XIe XIIe siècles dans l'Europe du nord-ouest (Angleterre, Pays-Bas, Flandres, Picardie). Dans ces régions de grandes plaines, les moulins hydrauliques trouvaient peu de sites favorables.
Selon certaines traditions, la technologie des moulins aurait été importée du Moyen-Orient par les croisés. Selon d'autres elle serait le résultat de l'augmentation du savoir-faire des charpentiers de marine qui, en particulier, auraient su dessiner et construire les robustes engrenages de bois, nécessaires pour renvoyer la rotation horizontale de la roue sur l'axe vertical d'entraînement de la meule. Cette technologie a été modernisée jusqu'au XIXe siècle. Puis l'arrivée des machines à vapeur et des moteurs Diesel a entraîné sa disparition complète.
Il aurait existé au XIXe siècle, 10 000 moulins à vent en Angleterre, 12 000 aux Pays-Bas et 20 000 en France.
Pendant la Seconde Guerre mondiale, l'interruption des flux charbonnier et pétrolier vers l'Europe occidentale a créé les conditions d'un nouvel intérêt pour l'électricité éolienne. L'objectif visé était de déverser des quantités significatives d'électricité dans les réseaux.
En France, ce développement a été assuré par l'entreprise nationale EDF. Par une action systématique et continue, elle a fait réaliser des mesures de vent dans beaucoup de pays du monde, et fait étudier diverses technologies d'aérogénérateurs.
Elles ont abouti vers 1960 à la construction de trois prototypes significatifs :

- Une machine de 650 kW, étudiée par le BEST (Bureau d'études scientifiques et techniques de Lucien Romani) et construite par la Ciamo (Compagnie industrielle des aéromoteurs), installée à Nogent-le-Roi dans l'Eure.
- Une machine de 132 kW, puis une seconde de 1 000 kW, développées et construites par le département éolien de Neyrpic, installées à Saint-Rémy-des-Landes dans la Manche.

Les crises pétrolières de 1973 et 1982 ont rapproché l'électricité éolienne de la crédibilité économique et les études ont recommencé. Elles ont abouti à l'installation en 1989 sur l'île d'Ouessant, d'une machine de présérie Aérowatt de 100 kW de puissance nominale. Certes, l'expérience s'est achevée après quelques centaines d'heures de fonctionnement par la destruction d'une pale, construite dans un matériau très mal adapté aux conditions de fatigue, mais l'engouement ne faiblira pas. La recherche conduira à des machines de plus petite puissance, mais beaucoup plus fiables. Largement utilisées par le service technique des Phares et Balises, certaines sont toujours en service aujourd'hui. Cette dynamique est le point de départ du développement des machines de moyenne puissance fabriquées aujourd'hui en France.

FARINE
DE
BLE NOIR

Éolienne
du parc d'Assigny
en Seine-Maritime.

L'utilisation de la force du vent

Le terme exact pour désigner une éolienne est « aérogénérateur ». Il évoque l'association d'un rotor, partie aérodynamique, et d'une génératrice, partie électrique.

Les pales transforment directement l'énergie cinétique du vent en énergie mécanique qui fait tourner le rotor. Celui-ci entraîne une génératrice qui produit du courant électrique. L'éolienne est reliée au réseau public d'électricité, afin que ce courant soit distribué aux différents utilisateurs.

L'emprise au sol est limitée à quelques mètres autour du mât. Les pâturages et les champs continuent à être exploités normalement.

En France, une machine standard de 2 MW va tourner en moyenne 2 500 heures par an à sa puissance nominale. Elle produit donc 5 000 MWh d'électricité (5 millions de kWh), soit l'équivalent de l'énergie électrique consommée par environ 2 000 foyers (hors chauffage et eau chaude).

Les débuts du grand éolien en France

La première « grande » éolienne française, d'une puissance de 225 kW, a été installée en 1991 par l'un des pionniers de l'éolien français, Jean-Michel Germa, à Port-la-Nouvelle, dans l'Aude, avec l'aide de l'Agence française pour la maîtrise de l'énergie (devenue ADEME).

Avec un rotor de 27 m de diamètre, elle était destinée à tester les performances et la fiabilité de ces machines et, notamment, à valider tous les aspects techniques de leur couplage au réseau d'électricité.

En juillet de la même année, un autre acteur clé de l'éolien français, Philippe Bruyerre, installait avec l'aide de l'Europe, de la région Nord-Pas-de-Calais et de l'AFME, une machine de 300 kW sur le littoral dunkerquois.

Ces deux visionnaires venaient de donner naissance à l'éolien français, mais il faudra attendre 1996 pour que le programme Éole 2005, lancé par le secrétariat d'État à l'Industrie, donne le coup d'envoi de la filière.

Première grande éolienne française à Port-la-Nouvelle dans l'Aude.

Site du Plan du Pal localisé à Lastours, près de Narbonne, dans l'Aude.
C'est le lieu historique de l'éolien français, où furent expérimentées différentes machines éoliennes depuis la fin des années 1970. C'est là qu'en 1984, pour la première fois en France, un parc de 10 petits aérogénérateurs Aérowatt, de 15 kW chacun, fut raccordé au réseau électrique d'EDF.

Les différents modèles d'éoliennes

Les formes, types et modèles de machines éoliennes n'ont presque de limite que l'imagination de l'homme. Les concepts inventés, construits, testés, et souvent cassés par la violence sous-estimée du vent sont innombrables. Il se passe rarement une année sans qu'un inventeur passionné ne cherche à faire connaître un nouveau dessin, prototype, ou machine « révolutionnaire ».

La créativité doit être encouragée, mais au final, ce qui compte, c'est la fiabilité, la productivité et la durée de vie de l'éolienne. Ces critères conditionnent en effet le coût réel du kWh injecté sur le réseau électrique.

Ces impératifs, ajoutés à une récente recherche d'esthétique, sont à l'origine d'une convergence technologique vers des machines tripales à axe horizontal, dont les nacelles sont installées au sommet de mâts tubulaires légèrement coniques à la base. La hauteur du mât est sensiblement égale au diamètre du rotor, sauf s'il faut aller chercher très haut un vent plus fort ou régulier.

Toutes ces machines sont dites « à axe horizontal » par référence à la position de l'axe de rotation de l'hélice de l'éolienne.

De gauche à droite :
Nacelle Enercon du parc éolien de Plouguin-Lescoat dans le Finistère.
Nacelle Jeumont du parc éolien de Widehem dans le Pas-de-Calais.
Nacelle Vestas du parc éolien de Caurel-Saint-Mayeux dans les Côtes-d'Armor.
Nacelle Nordex du parc éolien de Bouin en Vendée.

Deux grandes familles

Sur certaines éoliennes, le rotor entraîne la génératrice par l'intermédiaire d'un multiplicateur. Sur d'autres, de conception différente, le rotor entraîne directement une grande génératrice discoïde. Le fabricant allemand Enercon est devenu leader sur cette technologie dite « à attaque directe ». La taille de la génératrice rend la mise en œuvre plus délicate, mais la maintenance est réduite puisqu'il y a un composant de moins.

En 1996, Jeumont SA, filiale d'Areva (ex-Framatome), a lancé un programme de développement d'une éolienne de 750 kW à attaque directe et vitesse variable. Pour différentes raisons techniques, économiques et stratégiques, la fabrication s'est arrêtée quelques années plus tard. Jeumont continue cependant à assurer la maintenance de ses machines sur les quelques parcs en fonctionnement en France.

Comme beaucoup d'autres industriels, le numéro un mondial de l'éolien, Vestas, conçoit et fabrique des machines avec multiplicateur. La chaîne dynamique de transmission de l'énergie du rotor jusqu'à la génératrice comporte donc un maillon supplémentaire. Cette technologie impose l'utilisation de nacelles plus longues et fuselées que celles des machines à attaque directe, plus ovoïdes.

La vitesse périphérique de la pointe de la pale est une valeur pratiquement constante, quel que soit le diamètre de l'éolienne. Plus l'éolienne sera grande, moins elle tournera vite. Un rotor de 39 m installé sur une machine de 500 kW tournera à 30 tours par minute, tandis qu'un rotor de 80 m équipant une machine de 2,5 MW ne tournera qu'à 17 tours par minute à vitesse nominale.

Concentrer le vent

Reprenant une idée déjà testée par le passé, le développeur français Cita a conçu et expérimenté en conditions réelles une éolienne tripale carénée. Un anneau fixe à profil optimisé, appelé carénage, entoure les pales. Réalisé en matériaux composites, il permet de mieux diffuser l'air qui traverse le rotor, de minimiser le bruit et d'améliorer la protection de l'avifaune.
La conception de ce type de machine est un élément limitant leur taille, essentiellement pour des raisons de résistance des matériaux et d'impact visuel. Cet aérogénérateur caréné a une puissance de 12 kW, pour un diamètre de rotor de 4,4 m et un diamètre hors tout (carénage compris) de 5,3 m.

Une, deux, ou trois pales...

Ce qui compte pour récupérer l'énergie du vent, c'est la surface balayée par le rotor. Le nombre de pales ne joue que sur le couple et la vitesse de démarrage. Le fabricant italien Riva Calzoni a longtemps installé de grandes éoliennes équipées d'une seule pale et d'un contrepoids. Cette technologie est aujourd'hui abandonnée. L'industriel français Vergnet a retenu la solution bipale, mieux adaptée au basculement de la machine vers le sol, une fois le rotor arrêté et bloqué perpendiculairement au mât.
Les grandes machines sont pratiquement toutes tripales, meilleur compromis entre le coût, l'équilibre dynamique du rotor et l'esthétique.

Axe vertical : prendre le vent d'où qu'il vienne

En 1920, un ingénieur français, Georges Darrieus, a imaginé et breveté une éolienne à axe vertical et rotor parabolique à laquelle il a donné son nom. Sur le Plan du Pal, à Lastours, dans l'Aude, se dresse le seul exemplaire encore visible en France. Il y a été installé et testé par le Commissariat à l'énergie atomique (CEA) de 1980 à 1984.
Malgré certains avantages aérodynamiques, ce type de technologie s'est avéré moyennement productif et de longévité aléatoire, donc économiquement peu compétitif. Par ailleurs, les haubans imposent une importante emprise au sol. Quelques machines Darrieus sont visibles en Suisse, au Canada et aux États-Unis, mais aucune exploitation commerciale n'est assurée.
D'autres technologies à axe vertical sont encore en expérimentation, y compris en France sur des petites machines.

De haut en bas :
Éolienne carénée Cita de 12 kW.
Éolienne Vergnet bipale de 250 kW.
Éolienne de 35 kW à rotor parabolique de type Darrieus.

Le fonctionnement d'une éolienne

Les pales, au nombre de trois sur les grandes machines, transforment directement l'énergie cinétique de la masse d'air en mouvement (le vent) en énergie mécanique qui fait tourner le rotor. Le moyeu, au centre du rotor, sur lequel sont fixées les pales, entraîne une génératrice qui produit du courant électrique.

Une fois élevé à la bonne tension, généralement 20 000 V, ce courant est directement injecté sur le réseau électrique. L'augmentation de la taille des parcs, rendue possible par la loi de juillet 2005, permet aujourd'hui des raccordements directs, en 63 000 V ou plus, sur le réseau haute tension géré par l'entité RTE (Réseau de transport d'électricité), filiale d'EDF.

La conception et le fonctionnement des machines sont adaptés au type de vent qui souffle sur le site. Certaines éoliennes sont optimisées pour des régions peu ventées, d'autres sont dimensionnées pour des vents plus forts, parfois violents ou turbulents.

Les composants d'une éolienne

1. Pales, généralement au nombre de trois.
2. Grosse pièce de fonderie usinée sur laquelle sont fixées les pales.
3. Structure porteuse de la nacelle.
4. Palier de l'arbre « lent ».
5. Arbre lent, entraîné par le rotor (15 à 30 tours par minute).
6. Multiplicateur, sorte de grosse boîte de vitesse à un seul rapport.
7. Frein à disque pour arrêts d'urgence ou d'entretien.
8. Arbre rapide qui entraîne la génératrice (typiquement 1 500 tours par minute).
9. Génératrice qui produit l'électricité, généralement en 600 V.
10. Système de ventilation de la nacelle.
11. Girouette (orientation de la nacelle) et anémomètre (estimation du vent).
12. Automate de gestion et contrôle du fonctionnement.
13. Groupe hydraulique de commande des moteurs, mâchoires de freins, etc.
14. Moteur d'orientation de la nacelle (selon les indications de la girouette).
15. Couronne crantée (identique à celle des grues de chantier).
16. Coque de la nacelle, généralement en fibre de verre.
17. Mât de l'éolienne, généralement en acier (contient les câbles et une échelle).

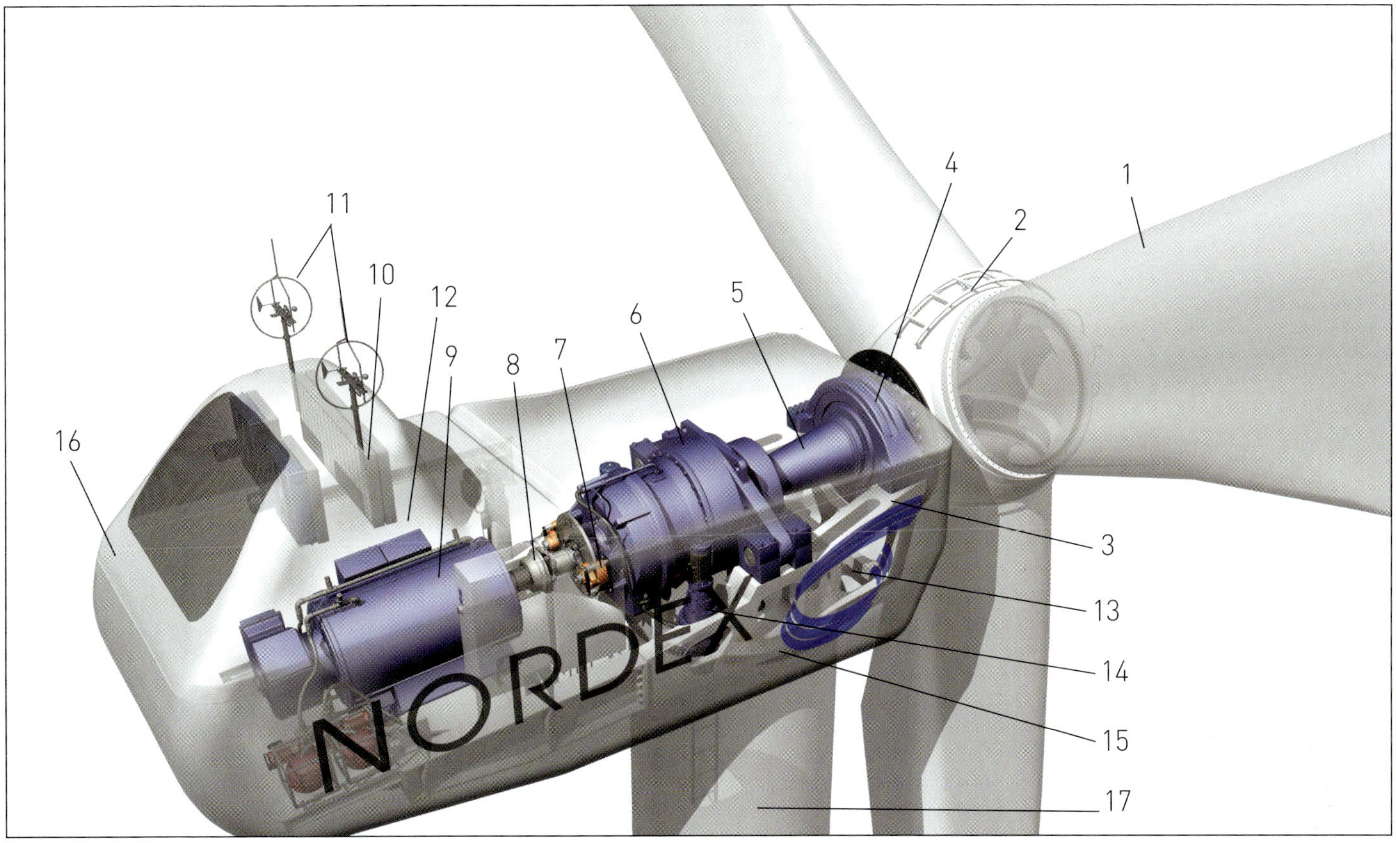

Le multiplicateur

C'est une sorte de grosse boîte de vitesse à un seul rapport. L'axe du rotor entraîne l'arbre situé à l'entrée, visible sur le devant du multiplicateur. En sortie, un arbre tournant cinquante à cent fois plus vite, entraîne directement la génératrice.

Multiplicateurs de machines de 850 kW.

La génératrice

C'est grâce à ce composant que l'énergie mécanique est transformée en énergie électrique. Lorsque l'on alimente un moteur électrique, il tourne et produit de l'énergie mécanique. Une génératrice, c'est l'inverse. On fait tourner son axe, généralement à 1 500 tours par minute, et elle produit de l'électricité, dans la plupart des cas en 600 V. Un câble triphasé conduit cette énergie à la base du mât où elle est injectée sur le réseau après avoir été élevée à la bonne tension.

Génératrice de 600 kW sur une machine Nordex dans les Corbières.

La main du vent

Détail de la jonction entre la sortie du multiplicateur et l'arbre de la génératrice d'une éolienne Nordex de 600 kW installée au Plan du Pal dans l'Aude. Depuis plus de huit ans, à chaque fois que souffle la tramontane, le cers ou le marin, cette grosse « main d'acier » fait tourner l'axe pour générer de l'électricité.

Toujours face au vent

La nacelle des grandes éoliennes est toujours orientée face au vent. Une girouette, installée sur le toit, mesure en permanence la direction du vent. Si celle-ci vient à changer, l'automate de contrôle actionne les moteurs d'orientation situés sous la nacelle et la replace dans la bonne direction.

Éolienne Repower MD 70 de 2 MW.

Régulation de la puissance

L'énergie récupérée est fonction de la densité de l'air, du cube de la vitesse du vent et de la surface balayée par le rotor. Lorsque la vitesse du vent augmente, la puissance de la machine augmente également, très rapidement, jusqu'à atteindre la puissance nominale de la génératrice. Il faut alors réguler la machine, c'est-à-dire stabiliser sa vitesse de rotation.

Les grandes machines sont régulées par une « mise en drapeau des pales ». Les pales pivotent sur elles-mêmes pour diminuer leur surface portante, on dit alors que leur « calage » est variable. Elles « s'effacent » partiellement par rapport au vent de manière à ne récupérer que l'énergie nécessaire pour faire tourner la génératrice à sa vitesse nominale.

Des machines moins grandes utilisent le principe de la « régulation aérodynamique ». Dans ce cas, le calage des pales est fixe, elles sont totalement solidaires du moyeu. Leur profil a été dessiné pour que, lorsque le rotor arrive à sa vitesse nominale, il se produise un décrochage aérodynamique au niveau des filets d'air qui s'écoulent autour des pales. Ce principe est moins complexe qu'une régulation mécanique, mais plus difficile à maîtriser sur des pales de grande longueur.

La technologie Vergnet

Seul industriel totalement français de l'éolien, Vergnet s'est imposé comme la référence de l'éolien de moyenne puissance grâce à sa technologie d'éoliennes bipales, rabattables en moins d'une heure en cas d'alerte cyclonique.

La technologie répond aux problématiques spécifiques de pays baptisés *Farwind* par l'industriel.
Les caractéristiques de ces pays sont très contraignantes.

- Du point de vue du climat : vents moyens à forts, cyclones fréquents, chaleur extrême.
- En termes de géographie : zones insulaires, semi-désertiques, parfois montagneuses.
- Sur le plan des infrastructures : moyens logistiques réduits, et réelles difficultés de transport.

Pour surmonter ces obstacles, Vergnet a développé des machines légères, de faible encombrement, faciles à transporter et à installer, adaptables à tous les environnements.

Ces éoliennes apportent des solutions alternatives en énergie, propres et peu coûteuses.

L'éolien, une alternative économique à la « pétro-électricité »

Le marché *Farwind*, identifié par l'industriel Vergnet, concerne les pays qui utilisent la « pétro-électricité », c'est-à-dire qui produisent une part significative, parfois la totalité, de leur électricité à partir du pétrole.

De plus, la consommation d'électricité de ces pays est souvent en forte croissance. Avec l'augmentation du prix du pétrole, l'éolien représente une solution alternative pour produire de l'électricité à bas coût, à partir d'une ressource locale, gratuite et infinie. Ces pays progressent ainsi vers leur indépendance énergétique.

Parcs éoliens aux Antilles, équipés d'éoliennes Vergnet.

Parc éolien de Petite Place à Marie-Galante en Guadeloupe.

Mis en service en octobre 1997 dans le cadre du programme Éole 2005 lancé par les pouvoirs publics le 9 février 1996, ce parc est constitué de vingt-cinq aérogénérateurs Vergnet de 60 kW, équipés de rotors bipales de 15 m de diamètre.

L'énergie électrique injectée sur le réseau vient directement en substitution de celle fournie par un groupe Diesel.

Technologie des éoliennes - Jean-Marc NOËL

La technologie éolienne actuelle a été progressivement mise au point au cours des trois dernières décennies de développement industriel de cette énergie. Elle est donc issue de la confrontation permanente des machines aux contraintes sévères de leur environnement et de la mise en œuvre en temps réel des progrès technologiques.

La première contrainte est la variabilité considérable de la ressource. La puissance spécifique disponible dans le vent varie de 0 à 16,5 kW/m2 sous 30 m/s (108 km/h). Cette vitesse moyenne maximale de vent n'existe plus d'une heure par an que dans certains sites des Corbières. Il est évident qu'il n'y a aucun intérêt économique à dimensionner une machine ayant un rendement optimal pour une durée d'utilisation limitée à une heure par an ! Il a donc fallu trouver le moyen de rendre le rotor de l'aérogénérateur « transparent » à partir d'une certaine vitesse de vent. Cette transparence est assurée par la mise en drapeau des pales de l'hélice. On commande l'inclinaison des pales par rapport au plan du rotor de façon à ce que celles-ci prélèvent une partie de plus en plus réduite de la puissance du vent. La vitesse à laquelle débute la transparence est comprise entre 12 et 15 m/s (environ 40 à 50 km/h), soit des puissances théoriques disponibles de 1 et 2 kW/m2.

Cette fonction de « transparence » est aussi utilisée pour assurer la sécurité de la machine. En obligeant les pales à prendre une inclinaison de 85° par rapport à leur plan de rotation, la vitesse de rotation du rotor se stabilise à une valeur voisine de zéro. Il est alors possible de l'immobiliser complètement avec un frein mécanique de faible couple. La sécurité est augmentée en installant dans le moyeu du rotor une réserve d'énergie, soit électrique (batteries), soit potentielle (réservoir d'air comprimé), qui garantit que le freinage de l'hélice pourra avoir lieu dans n'importe quelles conditions.

La quasi-totalité des aérogénérateurs mis sur le marché depuis 2006 affiche les choix technologiques suivants : hélice tripale orientée face au vent, régulation de puissance et sécurité par mise en drapeau des pales, moyeu rigide. Une seule exception commerciale : les aérogénérateurs Vergnet sont bipales, à moyeu articulé, et l'hélice tourne sous le vent (le rotor est positionné en aval du mât, par rapport au sens du vent).

La seconde contrainte est la rigidité considérable du récepteur de l'énergie produite, le réseau électrique interconnecté.

Tout d'abord, ce réseau impose sa fréquence, calée à 50 Hz, qui ne s'écarte de cette valeur que lors d'incidents exceptionnels. Or la vitesse du vent varie de façon très rapide. Aucun système de régulation aérodynamique, agissant directement sur le calage des pales, n'est assez rapide pour maintenir la vitesse de rotation de l'éolienne avec une précision suffisante. Cette impossibilité est palliée par l'insertion d'un convertisseur en électronique de puissance. Celui-ci impose au courant produit par l'éolienne une fréquence à tout instant identique à celle du réseau, quelle que soit la puissance mécanique fournie par le rotor lors de ses variations rapides.

Au-delà de ces deux contraintes fondamentales, les aérogénérateurs actuels doivent faire face à d'autres règles de fonctionnement.
Compte tenu des réseaux électriques auxquels ils sont connectés, ils doivent pouvoir supporter les mêmes exigences que les générateurs traditionnels : écarts de fréquence, baisses de tension, coupure possible du réseau, contrôle du facteur de puissance du courant produit, réduction de la puissance livrée au réseau en cas de nécessité, etc. Ces exigences sévères sont une conséquence du grand nombre d'aérogénérateurs aujourd'hui connectés aux réseaux. Alors que les premières machines raccordées débitaient au fil du vent, ces

nouvelles contraintes sont assumées essentiellement au travers de la souplesse que donnent les convertisseurs électroniques de puissance.

De vastes programmes de recherche et de développement sont menés par les industriels afin d'améliorer le rendement global des éoliennes, c'est-à-dire le pourcentage de l'énergie cinétique du vent transformé en électricité.

Un premier point d'amélioration de ce rendement est de rapprocher le fonctionnement de l'hélice de l'idéal théorique, en assurant un rapport constant entre la vitesse périphérique des pales et la vitesse du vent. Un second point est celui de l'amélioration des performances aérodynamiques des rotors. Quasiment tous les concepteurs de pales disposent maintenant de programmes informatiques permettant de calculer les performances des profils aérodynamiques sans passer par les essais en soufflerie. Certains sont allés jusqu'à donner aux pales des formes aérodynamiques à proximité immédiate du moyeu. Cette amélioration aérodynamique permet, à diamètre égal, un gain de productivité de l'ordre de 11 % par rapport aux solutions antérieures.

Les aérogénérateurs actuels, destinés aux installations terrestres, ont une puissance nominale de l'ordre de 1,5 à 2,5 MW. Ils sont équipés de rotors dont le diamètre est compris entre 70 et 95 m.

Pour un vent moyen de 8 m/s (environ 30 km/h) à la hauteur du moyeu, ces machines produisent de l'ordre de 4 500 à 7 500 MWh par an. Elles sont toutes équipées de dispositifs de contrôle et de commande qui les rendent compatibles avec les critères sévères imposés par les gestionnaires des réseaux électriques.

Parc éolien d'Assigny près de Rouen en Seine-Maritime.

Éolienne Enercon de 2 MW.
Rotor de 70 m de diamètre et mât de 65 m de haut.

L'installation d'une éolienne

L'étude de l'implantation d'un parc éolien et son intégration dans le paysage prend des années.

Le chantier de construction est beaucoup plus rapide, quelques mois pour la préparation du génie civil et le raccordement électrique, et quelques jours pour le montage des éoliennes.
Lorsque les fondations sont prêtes, les éoliennes sont assemblées à la vitesse d'une par jour, à condition que le terrain et les conditions météorologiques le permettent.

Les fondations

En plus du poids de la machine, 200 à 300 t de charges statiques selon les modèles, elles doivent résister à des charges dynamiques complexes engendrées par les rafales et la turbulence du vent, la rotation du rotor, les changements d'orientation de la nacelle, les freinages d'urgence en cas d'incident ou de coupure du réseau...
La dimension du socle dépend de la nature du terrain. Plus le sol est meuble, plus il faudra de poids pour résister, parfois jusqu'à 800 t. Des études et des forages très précis sont réalisés lors de la conception.

Socle en cours de recouvrement avec de la terre à cultiver.

Le socle

Dans tous les cas, le socle est recouvert et invisible. Si l'éolienne est dans un champ, celui-ci continue à être cultivé jusqu'au pied des éoliennes.
Lors du démantèlement du parc en fin de vie, le socle sera démoli, entièrement évacué et remplacé par de la terre ou un matériau de même nature que celui du site.

Fixation d'un mât sur le socle d'une éolienne du parc d'Assigny en Seine-Maritime.

Le mât

Afin d'aller chercher « de bons vents », l'éolienne est perchée sur un mât dont la hauteur est généralement égale à son diamètre. À proximité des côtes et en mer, où le gisement est de meilleure qualité, il pourra être moins haut. À l'opposé, dans certaines régions moins ventées du centre et de l'est, les mât sont plus grands.

S'il arrive encore de croiser des supports de type pylône en treillis, façon ligne à haute tension, la quasi-totalité des mâts d'éolienne est de type tubulaire en acier. Pour pallier l'augmentation du prix de ce matériau, certains fabricants installent des mâts en béton, parfois construits sur place.

Le mât d'une éolienne est un tube creux d'environ 100 à 200 t, à l'intérieur duquel se trouvent les câbles électriques destinés à transporter le courant produit par la génératrice jusqu'au transformateur qui élève la tension au niveau de celle du réseau. Il est également équipé d'une échelle pour accéder à la nacelle, parfois d'un petit ascenseur à deux places, ou d'un monte-charge. Quelques câbles de mesures acheminent une multitude d'informations, en provenance de tous les capteurs qui équipent la nacelle. À la base du mât se trouvent tous les appareils électriques et électroniques, ainsi qu'un automate de suivi et de contrôle de l'éolienne.

Arrivée de mâts d'éoliennes sur le port de Rouen et chargement sur un convoi exceptionnel.

Arrivée du convoi exceptionnel sur le site d'installation et déchargement des éléments du mât au parc de Kerigaret dans le Finistère.

Déchargement d'éoliennes sur le port de Rouen. Un bateau peut contenir quatre éoliennes.

Montage d'un aérogénérateur à Assigny, en Seine-Maritime.

Hauteur d'une éolienne

Afin de faciliter sa manutention, son transport et son installation, le mât est composé de plusieurs tronçons d'environ 20 m chacun. Ils sont boulonnés entre eux à l'aide de brides, comme le premier élément sur le socle. Lorsque l'on est au pied d'une éolienne, on peut deviner les jonctions entre chaque tronçon, et ainsi avoir une idée de la hauteur du mât.

Levage de la première éolienne du parc éolien d'Assigny en Seine-Maritime.

La nacelle

Dans la nacelle se trouve « le cœur de l'éolienne » où s'opère la transformation d'énergie : mécanique à l'entrée, du côté du rotor, électrique à la sortie, en dessous, du côté du mât. Elle abrite de nombreux composants : multiplicateur, génératrice, frein à disques, moteurs d'orientation de l'éolienne face au vent, groupe hydraulique... Son carénage en matériaux composites est conçu pour protéger ces équipements pendant plus de vingt ans. Les pièces massives en mouvement échauffent l'intérieur de la nacelle. Il est donc nécessaire de la ventiler.

Nacelle d'une éolienne de 900 kW Neg Micon (qui a fusionné avec Vestas), en cours de montage sur le parc de la serre d'Oupia dans l'Aude.

Balisage nocturne

Le toit des nacelles est équipé d'un feu à éclat blanc destiné à signaler le parc éolien aux petits aéronefs. Généralement, les éoliennes situées aux extrémités du parc, ainsi que la machine installée au point le plus haut, sont équipées de tels feux de signalisation.

Nacelle d'une éolienne Acciona de 1,5 MW, en cours de montage sur le parc de Kerigaret dans le Finistère.

Le souci de l'esthétique

Les multiples formes de nacelles résultent des choix technologiques retenus pour leurs composants. Les nacelles des machines à attaque directe d'Enercon et de Jeumont ont un profil ovale, proche de l'œuf ou de la goutte d'eau. Celles de Vestas, Gamesa, Acciona ou Repower sont plus parallélépipédiques. Les nacelles des Bonus (devenu Siemens) ou des premières Nordex sont très fuselées.
Avec le développement de la filière éolienne, les performances des machines évoluent rapidement. Les innovations, liées à l'augmentation des puissances unitaires, modifient l'aspect extérieur des nacelles. De plus, tous les fabricants ont pris conscience de l'importance de l'esthétique globale des machines et y apportent un soin particulier. Les nouveaux dessins de nacelles rivalisent de créativité.

En haut : Assemblage d'une nacelle d'éolienne Nordex N90 de 2,5 MW destinée à l'offshore.
En bas : Installation d'une nacelle Bonus (Siemens) du parc éolien de Treilles-Souleilla, près de Narbonne dans l'Aude.

La pale, seul composant spécifique de l'éolien

La majorité des composants d'une éolienne, aussi complexes ou innovants soient-ils, sont issus de filières technologiques développées de longue date. Ils appartiennent aux mondes de la mécanique, de l'électricité, de l'électromécanique, de l'électronique de puissance, voire, de plus en plus, de l'informatique ou de l'optronique. Ce n'est pas le cas de la pale. Certes, elle appartient au monde de l'aérodynamique, mais elle n'a que peu de points communs avec une hélice d'avion ou une pale d'hélicoptère. Son mode de fonctionnement et les contraintes qu'elle subit sont très différents, de même que les coûts de fabrication et de maintenance. La durée de vie d'une pale d'hélicoptère est de l'ordre de 10 000 heures de fonctionnement, avec une surveillance permanente, celle d'une pale d'éolienne est de plus de 100 000 heures, sur vingt ans. De plus, les pales sont dorénavant équipées de sondes et de microprocesseurs pour mesurer leur vieillissement.

Un rotor d'hélicoptère impose l'écoulement du flux d'air autour de l'appareil qu'il supporte. À l'opposé, le rotor de l'éolienne subit « de plein fouet » la force de la masse d'air dont elle doit récupérer une partie de l'énergie. Selon les conditions de vent, les contraintes qui s'appliquent sur la pale peuvent représenter de 1 000 à 4 000 cycles de fatigue par heure. Par exemple, à chaque tour, la différence de vitesse de vent entre le passage de la pale au point le plus haut et au point le plus près du sol provoque une flexion par rapport au plan du rotor.

Les pales d'éoliennes sont toutes fabriquées en matériaux composites. Certaines petites machines utilisent encore du bois lamellé-collé, mais les grandes sont toutes passées à la fibre de verre avec résine polyester ou époxy. La fibre de carbone, plus chère, mais plus légère et plus résistante, est parfois utilisée.
Afin de limiter les contraintes de la machine, des programmes de recherche et développement sont menés pour réduire le poids des pales et pour tester des nouveaux matériaux et des nouvelles structures internes.

La pale est boulonnée sur le moyeu à l'aide d'une bride d'acier et de tiges filetées. Sur les machines à régulation par mise en drapeau, le calage étant variable, la pale doit pouvoir pivoter sur elle-même pour diminuer sa surface portante. Un grand roulement « à billes », de même diamètre que la bride d'acier, assure donc la liaison entre le moyeu et la pale.

Chaque pale est équipée sur toute sa longueur d'un câble métallique de gros diamètre, intégré dans la structure. En cas d'orage, il évacue les coups de foudre de la pointe vers le moyeu. Après avoir traversé le roulement, l'énergie de l'éclair est dirigée vers le sol pour y être dissipée.

Fixation sur le moyeu d'une pale du parc éolien d'Assigny près de Rouen en Seine-Maritime.

La longueur d'une pale varie de 24 m, pour une « petite » machine de 500 kW, à 61,5 m pour la machine Repower de 5 MW (ci-dessous), plutôt destinée aux installations en mer. Le poids passe quant à lui de 3 t pour la première à 17,7 t pour la seconde. Il s'agit des plus grandes pales en fonctionnement à ce jour, construites par le Danois LM Glasfiber. Le diamètre de la bride de fixation au rotor atteint 3,2 m.

Les machines de 1,5 à 3 MW, couramment installées aujourd'hui en France, sont équipées de pales de 40 à 45 m de long pour un poids d'environ 8 à 10 t.

Éolienne Repower 5M, équipée de pales de 61,5 m de long.

À gauche : Assemblage d'une pale sur un moyeu Enercon.

Le montage

Une fois le mât dressé, la nacelle est fixée au sommet sur la couronne d'orientation qui lui permet de toujours être face au vent. Le rotor est assemblé au sol, puis levé et présenté en face de la nacelle, avant d'être fixé sur l'arbre. Point d'orgue de la construction, c'est aussi la phase la plus spectaculaire du chantier.

Montage d'une éolienne du parc de Cormainville dans l'Eure-et-Loir.

DUFOUR
DUFOUR
DUFOUR
DUFOUR
DUFOUR
WWW.DUFOUR.BE
DUFOUR
ENERCON

Parc de Cormainville dans l'Eure-et-Loir. Instant délicat de la fixation du rotor à la nacelle d'une éolienne Vestas.

Levage de précision

Selon le type d'éolienne, la grue doit pouvoir lever et positionner jusqu'à 100 t à 100 m de hauteur. La nacelle est l'élément le plus lourd et le rotor est le plus délicat à manier. Le déplacement de la charge est suivi sur différents moniteurs vidéo par l'opérateur.

Les opérations de levage ne peuvent s'effectuer que dans de bonnes conditions météorologiques. Trop de vent risque en effet de rendre impossible l'assemblage du rotor à la nacelle. Le grutier, seul maître à bord, peut décider d'arrêter le levage.

Les grues de 400 à 500 t, équipées de flèches de 100 m, sont des machines imposantes et très peu nombreuses. Leur prix de location à la journée étant particulièrement élevé, il s'agit de bien choisir la période et de ne pas perdre de temps.

Le raccordement au réseau électrique

Une fois élevé à la bonne tension, généralement 20 000 V, le courant produit par les éoliennes est injecté sur le réseau de distribution électrique. L'augmentation de la taille des parcs permet aujourd'hui des raccordements directement sur le réseau de transport géré par RTE, en 63 000 V, ou plus.

Par respect du paysage et de l'environnement, le raccordement des parcs éoliens au réseau est assuré par des câbles enterrés, dans certains cas sur plus de 20 km.

Des règles précises ont été mises en place pour la gestion des demandes de raccordement, ainsi que pour la prise en charge financière des différents coûts de raccordement. Comme tous les autres moyens de production, les parcs éoliens ne doivent en aucun cas modifier la sécurité d'approvisionnement en électricité et la qualité du courant électrique délivré aux usagers.

Parc éolien du mont Tauch, situé sur la commune de Tuchan dans l'Aude, au cœur du massif des Corbières.
Raccordement au réseau d'un aérogénérateur Nordex.

Alimentation directe du réseau de transport électrique haute tension par le parc éolien de Port-Saint-Louis-du-Rhône dans les Bouches-du-Rhône.

Lorsque le gisement en vent est avéré, la puissance d'un parc éolien est fonction de l'espace que l'on pourra lui réserver, dans le respect de l'environnement naturel et humain, et de la capacité du réseau local à recevoir la grande quantité d'énergie que produisent les éoliennes. Écarter les parcs des zones sensibles (habitations, patrimoine, avifaune, paysages emblématiques…) permet d'augmenter leur taille et de justifier économiquement un raccordement direct sur une ligne à haute tension.

Le contrôle du fonctionnement

Il arrive parfois qu'une éolienne d'un parc ne tourne pas, alors que les autres sont en fonctionnement. L'origine de cet arrêt provient généralement de l'automate chargé du contrôle du fonctionnement.
Les raisons peuvent être variées tant les systèmes de mesures et de contrôles sont nombreux. Afin d'augmenter leur durée de vie, les éoliennes modernes sont équipées de multiples dispositifs de sécurité. Le signal d'arrêt peut provenir d'une élévation anormale de température de l'un des composants, d'une turbulence excessive du vent pour la machine considérée, d'un dépassement du nombre de tours de torsion du câble dans le mât suite à des changements intempestifs de vent...
Les opérations régulières d'entretien et de maintenance nécessitent aussi l'arrêt de l'éolienne, pour des raisons évidentes de sécurité, lorsqu'un technicien est dans la nacelle.
Tout simplement, il peut s'agir d'un arrêt pour montrer le fonctionnement des machines à l'occasion d'une des nombreuses visites organisées pour des riverains, des élus locaux qui envisagent un projet sur leur territoire, ou des scolaires à qui l'on explique les choix d'aujourd'hui.

Dans tous les cas, l'automate situé à la base du mât envoie immédiatement un message au centre de télésuivi et de contrôle du parc. Un opérateur vérifie le motif de l'arrêt et agit en conséquence. Chaque éolienne, de chaque parc, est surveillée en temps réel, vingt-quatre heures sur vingt-quatre, tous les jours de l'année.

Éolienne Nordex du parc éolien de Moisy dans le Loir-et-Cher.

En haut : Assemblage de nacelles Vestas de 2 MW dans l'usine de Ringkøbing au Danemark.

À gauche : Roulement Rollix de 3,80 m de diamètre.

À droite : Emplacement des roulements de pied de pale et d'orientation de nacelle fabriqués par Rollix.

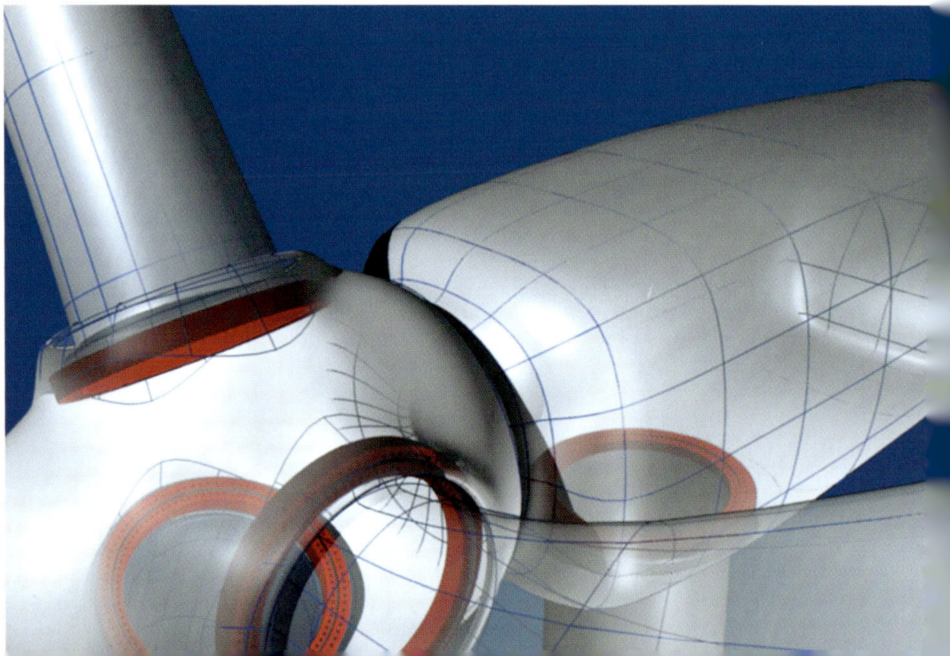

L'INDUSTRIE DES ÉOLIENNES

Boeing et la Nasa se sont un temps impliqués dans l'éolien en construisant de très grandes machines, jusqu'à 2,5 MW et 100 m de diamètre, avec vingt ans d'avance. En France, Eurocopter et Aérospatiale se sont également montrés intéressés par la filière.

Mais, hormis la recherche et le développement pour l'optimisation constante des pales, l'éolien est plus proche du machinisme agricole de pointe, que de l'aéronautique.
Le premier fabricant mondial d'éoliennes s'appelle Vestas, acronyme qui signifie en danois « Vestjysk Stateknik A/S ». Créée en 1945, l'entreprise produisait des appareils ménagers et des machines agricoles, notamment des tracteurs. Elle compte aujourd'hui 14 000 collaborateurs, dont près de 500 en bureau d'études.

En France, il n'existe pas encore de fabricants de grandes éoliennes. Mais, l'industriel Vergnet, basé près d'Orléans, est devenu leader mondial des éoliennes basculantes de moyenne puissance (jusqu'à 275 kW). Afin d'élargir son marché, il travaille au développement d'une machine, d'1 MW, toujours rabattable.

Par ailleurs, de nombreux fabricants français de composants sont présents sur le marché de l'éolien. Ils conçoivent et produisent des génératrices, des pales, des roulements gigantesques, des freins, des moyeux, des mâts, des feux de balisage, des composants électriques, des systèmes de mesures ou de contrôles, des résines polyester...
Enfin, différents opérateurs prennent en charge la réalisation de l'ensemble des travaux : terrassement, génie civil des fondations, équipements électriques, levage et montage, mise en service, exploitation et maintenance.

La fabrication des roulements

En quinze ans, l'entreprise vendéenne Rollix, est devenue le premier fournisseur européen de roulements de pales et de fûts d'éoliennes. Elle totalise plus de 60 000 roulements fabriqués à ce jour, et compte parmi ses clients les grands industriels danois et espagnols de l'éolien. Elle produit notamment 70 % des roulements de pied de pale pour le leader mondial de l'éolien, Vestas.
Ses 250 salariés représentent 30 % de l'effectif global du groupe Defontaine, métallurgiste et équipementier créé en 1946, leader dans les domaines aéronautique, automobile et éolien.

Rollix développe et produit des roulements de grand diamètre pour l'éolien depuis 1980, année du lancement des premières éoliennes à pas variables par le constructeur danois Vestas.
Le roulement de fût, situé sous la nacelle, est une couronne d'orientation qui permet de toujours diriger l'éolienne face au vent.

Nacelle d'une éolienne Repower MD 70 de 2 MW, équipée d'un rotor de 70 m de diamètre et installée sur un mât de 80 m de haut.

Areva : nucléaire, biomasse et éolien

Dans le monde de l'éolien, l'engagement et le positionnement stratégique du géant du nucléaire Areva, détenu à 80 % par le Commissariat à l'énergie atomique (CEA), ont fait couler beaucoup d'encre. Outre ses activités dans un autre secteur renouvelable, la biomasse, le groupe a depuis longtemps manifesté son intérêt pour le secteur éolien.

L'aventure a commencé avec le développement de l'éolienne JI-48 de 750 kW par sa filiale Jeumont dans le Nord. Elle s'est poursuivie avec la tentative d'achat du fabricant danois Bonus en 2004. Bercy s'y oppose, et c'est finalement Siemens qui achète Bonus pour 300 millions d'euros.
Dernier épisode mouvementé : le duel Areva-Suzlon pour prendre le contrôle du fabricant allemand Repower, spécialisé dans le développement d'éoliennes puissantes, notamment une machine de 5 MW conçue pour l'offshore.

Après une prise de participation de 21 % dans Repower en 2005, Areva passe son investissement à 29,9 % du capital en 2006. Le 22 janvier 2007, le groupe lance une offre publique d'achat amicale de 105 euros par action, valorisant Repower à hauteur de 850 millions d'euros. L'offre est contrée le 28 février par l'Indien Suzlon, cinquième fabricant mondial d'éoliennes, qui propose 126 euros par action, soit plus d'un milliard d'euros de valorisation. Le 15 mars, après des discussions au plus haut niveau de l'État, Bercy donne son accord à Areva pour relever son offre à 140 euros par action. Celle-ci sera de nouveau contrée le 10 avril par Suzlon qui propose 150 euros, valorisant cette fois-ci l'entreprise à 1,22 milliard d'euros. Areva jette l'éponge le 24 mai 2007.

L'épilogue se déroule en septembre de la même année, lorsque Areva annonce une prise de contrôle de 51 % du capital du fabricant allemand Multibrid. Cette participation s'ajoute aux 30 % de Repower que le groupe possède toujours. Par ailleurs, l'une de ses filiales, Areva T&D, achetée à Alstom en janvier 2004, est devenue leader pour la fourniture de l'ensemble des moyens nécessaires au raccordement des parcs au réseau électrique et à la gestion de leur fonctionnement. Areva T&D a pour clients les grands acteurs mondiaux de l'éolien et affiche un sérieux retour d'expérience sur les parcs offshore.

Cet épisode boursier a eu le mérite de mettre au grand jour la réalité économique de la filière, l'importance du marché de l'éolien dans le monde et les stratégies mises en œuvre par les opérateurs historiques de l'énergie pour s'y placer. Pour autant, il semble avoir inquiété les investisseurs quant aux valorisations atteintes.

Certains analystes suggèrent une « bulle spéculative verte » et ne manquent pas d'évoquer la bulle Internet. Même si quelques valorisations boursières ont largement anticipé les résultats à venir, le contexte, les acteurs et, surtout, les enjeux ne sont pas comparables. Jusqu'où peut-on tenir l'analogie entre les start-up d'Internet et des entreprises industrielles dont les actifs sont tangibles, les productions bien palpables et les marchés quantifiables ?
Le soutien étatique est présenté comme un risque. Soit, mais peut-on vraiment imaginer que, dans le contexte actuel de changement climatique avéré et de tension sans cesse accrue sur les ressources fossiles, les gouvernements puissent supprimer leur soutien aux filières renouvelables ? Bien au contraire, les chefs d'États et de gouvernements réunis à Bruxelles en mars 2007 ont décidé de fixer un objectif contraignant de 20 % d'énergies renouvelables dans la consommation globale d'énergie en 2020.

Les tarifs d'achat sont une aide au démarrage des filières. Ils ont fait leurs preuves dans plusieurs pays, dont la France. Et parmi les filières bénéficiant actuellement de ce dispositif, l'éolien est sans doute le plus proche de la rentabilité. Les aides iront en diminuant, au fur et à mesure de la maturité de la filière. C'est un cercle vertueux.

ACO, fabricant français de pales

Situé à Béziers, Aerocomposit Occitane, filiale du groupe Vergnet, fabrique depuis 2001 des pales en composite de 13 à 16 m de long. Elles équipent les éoliennes de 275 kW. Une pale de 30 m est en cours de développement, afin d'équiper les futures machines Vergnet de 1 MW.

ACO utilise une technique d'infusion sous vide. La résine est directement aspirée vers la pale, sans intervention manuelle. Cette technique assure une grande homogénéité à la pale. Elle diminue son poids, tout en augmentant sa durée de vie.

La fabrication des pales utilise des techniques dont certaines sont proches de la construction des coques de bateaux en matériaux composites. Afin d'améliorer l'aérodynamisme et d'augmenter la longévité, les finitions sont particulièrement soignées. Un point délicat est l'équilibrage des trois pales d'une même éolienne. Afin que le rotor « tourne rond », sans usure anormale et sans vibrations, il ne doit pas y avoir de différence de poids entre ses pales. Malgré leur masse de plusieurs tonnes, la précision est de quelques kilos. L'équilibrage sera ensuite finement ajusté à l'aide de masselottes d'acier.

Contrairement au mât, constitué de plusieurs tronçons d'environ 20 m, la pale d'une éolienne est généralement en une seule pièce. C'est le seul moyen de maîtriser son comportement dynamique, sa flexibilité, sa résistance aux conditions extrêmes, au final, sa fiabilité et sa durée de vie.

L'industriel allemand Enercon teste une éolienne de grande puissance (6 MW) sur laquelle la base de chaque pale est constituée d'un élément séparé de près de 20 m de long, portant la dimension du rotor à 126 m de diamètre.

Pales en cours de fabrication à l'usine Aco de Béziers.

Page de droite :
Usine de fabrication de pales Vestas à Lem au Danemark.

DEMAG

La couleur blanche des éoliennes

Quelques constructeurs ou porteurs de projets ont tenté la couleur. Certains ont fait des essais en peignant les pales en jaune, la nacelle en marron et le mât en vert, façon grandes marguerites. D'autres laissent nacelle et rotor en blanc mais recouvrent le mât d'un dégradé de vert sur tout ou partie de sa hauteur, comme à Calenzana en Haute-Corse. Dans l'Hérault, à Aumelas, une artiste locale a été retenue pour utiliser les mâts comme support de gigantesques peintures.

Bien que signalées sur toutes les cartes de navigation aérienne, les éoliennes doivent être parfaitement visibles en vol à vue. Après discussion entre les différents acteurs concernés, la couleur blanche a été retenue. Une variante qui se rapproche du blanc cassé gris est tolérée.

Malgré son impact visuel, un parc éolien est un symbole de production propre d'énergie, dans le respect de l'environnement. De nombreux acteurs considèrent que la couleur blanche, synonyme de pureté, est la plus appropriée pour porter ce message.

À gauche : Parc éolien de Port-Saint-Louis-du-Rhône dans les Bouches-du-Rhône sur le port autonome de Marseille.
À droite : Parc éolien d'Ally en Haute-Loire.

Durée de vie

Une éolienne moderne est dimensionnée pour une durée moyenne de fonctionnement d'une vingtaine d'années. Le retour d'expérience sur les parcs en fonctionnement dans certains pays confirme largement cette estimation. Bien qu'elle soit de technologie assez ancienne, la première machine connectée au réseau électrique français, à Port-la-Nouvelle dans l'Aude, tourne depuis déjà seize ans.

En fin de vie d'un parc, deux solutions sont envisageables. La première est de remplacer les éoliennes par d'autres plus modernes, éventuellement plus puissantes afin de limiter leur nombre tout en conservant la même puissance pour le parc. Ce cas de figure impose, bien sûr, une nouvelle étude technique et environnementale complète. Si l'avis de l'ensemble des acteurs concernés est de nouveau favorable, l'exploitation pourra ainsi continuer pour une période déterminée.

Selon l'évolution du contexte, des besoins et des stratégies énergétiques, une seconde solution peut être soit d'augmenter un peu la puissance du parc, soit de le faire disparaître !

En effet, implanter un parc éolien n'est pas irréversible. Dans vingt ou trente ans, si d'autres choix s'imposent pour subvenir aux besoins énergétiques, les éoliennes seront très facilement enlevées. En quelques jours, un site peut être remis à l'état initial. Son occupation, le plus souvent agricole, se poursuivra comme si de rien n'était.

Comme cela se produit déjà de nos jours pour des machines devenues obsolètes, de nombreux matériaux et composants des éoliennes sont recyclés et valorisés : acier du mât, cuivre de la génératrice, aluminium de l'échelle, etc. Ceci réduit substantiellement le coût du démantèlement, pour lequel une provision en garantie a été constituée par le développeur auprès d'un établissement financier. Même en cas de disparition de l'entreprise, un montant est bloqué pour éviter toute friche industrielle.

Développer l'éolien ne constitue pas un fardeau pour les générations futures. Un parc éolien est totalement et rapidement démontable.

Éolien et environnement

Parc éolien d'Ally en Haute-Loire.

Perception des éoliennes

À chaque fois que nous appuyons sur un interrupteur, que nous mettons en fonctionnement un ordinateur, ou n'importe quel appareil électroménager, nous contribuons à polluer quelque part. D'une manière ou d'une autre, immédiatement ou à retardement, plus ou moins visiblement et durablement, nous provoquons un déséquilibre. Nous n'avons pas encore trouvé de moyen « magique » pour produire de l'électricité.
L'éolien n'échappe pas à la règle. Même si c'est pratiquement le seul, il a un gros défaut : on le voit. Tout le travail réalisé par les industriels pour optimiser les performances et le design des éoliennes n'a pas permis de les rendre invisibles.

L'intégration dans le paysage

La première préoccupation des différents acteurs d'un projet éolien est de parvenir à intégrer le parc dans le paysage de la manière la moins intrusive possible. Les erreurs de jeunesse de cette filière en pleine expansion ont été riches d'enseignements.
Aujourd'hui, un parc est le fruit d'une longue et rigoureuse étude d'implantation, associant tous les acteurs, très en amont du projet.
La sélection du site et le choix des emplacements de chaque éolienne font l'objet de simulations soignées. Le parc dessine un nouveau paysage au service de l'énergie, pour lequel tous les points de vue sont étudiés.

L'évaluation environnementale est le travail le plus délicat. Le choix de l'emplacement des éoliennes constitue une démarche stricte et codifiée.
Tous les aspects sont étudiés : paysage, riverains, servitudes, contraintes, bruit, oiseaux, faune, flore, archéologie.
Les services de l'État sont chargés d'instruire le dossier de la zone de développement de l'éolien, puis le permis de construire de chaque parc qu'elle accueille. À tous les stades du projet, ils veillent au respect des procédures et de la réglementation. Ce dispositif implique l'obtention d'environ trente autorisations ou avis pour qu'un parc voie le jour.

Parc éolien de Caurel Saint-Mayeux dans les Côtes-d'Armor.

Le verdict de l'œil

Le nouveau paysage, créé par l'arrivée des éoliennes, est modélisé. Les outils informatiques permettent de réaliser des photomontages de plus en plus réalistes et précis. Il est ainsi possible de visualiser l'intégration du parc dans le paysage, et d'étudier différents choix d'implantation et de tailles des machines : en ligne, en arc de cercle, regroupées ou très espacées...

Dans tous les cas de figure, les simulations sont réalisées pour différents points d'observation connus des riverains ou des acteurs concernés. L'œil humain est l'instrument universel qui appréciera la qualité du parc. Les photomontages ne doivent pas déformer cette vision.

Ci-dessous :
Parc éolien de Port-Saint-Louis-du-Rhône sur le bord du canal du Rhône, sur le territoire du port autonome de Marseille.
Afin d'être en cohérence avec le paysage existant, les éoliennes sont alignées sur le bord du canal et espacées d'au minimum 3 fois leur diamètre.

Le même parc éolien de Port-Saint-Louis-du-Rhône, sur le bord du canal du Rhône, mais sous un angle de vue réservé aux techniciens chargés de l'entretien et de la maintenance des éoliennes.

L'effet d'optique créé par la position de l'observateur et le fort grossissement du téléobjectif écrasent la photo et peuvent donner une impression d'enchevêtrement des machines.

Certains n'y voient qu'agressivité et laideur. D'autres y perçoivent de l'art et une image dont la beauté rivalise avec la puissance du message. On quitte l'analyse scientifique de la perception du parc, et l'on glisse vers des considérations subjectives de goûts et de couleurs.

Bon voisinage entre patrimoine et technologie

À mi-chemin entre Toulouse et Carcassonne, le village d'Avignonet-Lauragais, en Haute-Garonne, est connu pour avoir été le siège en mai 1242 du massacre de membres du tribunal de l'Inquisition, chargé de la répression contre le catharisme. Depuis 2002, année de la mise en service de son parc éolien, le village est de nouveau au centre des débats. Fruit d'une étude rigoureuse et de l'analyse de différentes solutions, les dix éoliennes de 800 kW chacune ont été réparties en deux lignes, à plus de 600 m du village. La configuration est unique en France. Le parc borde le village, dominé depuis le XIVe siècle par le clocher octogonal de son église, Notre-Dame-des-Miracles.

Comme l'a confirmé publiquement Jean-François Pages, agriculteur et maire du village, les avignonétains sont fiers et heureux de leur parc éolien. Il fait l'objet de nombreuses visites de groupes et de particuliers et contribue à la renommée de la commune, qui ne manque pas de le placer au rang des centres d'intérêt sur le site Web du département.

Avant sa construction, pendant cinq ans, la population a été régulièrement informée de l'avancement du projet, notamment par le biais du bulletin municipal et de réunions publiques. Jamais l'implantation des éoliennes n'a posé le moindre problème sur la commune. Pourtant, le parc éolien a été accusé par des opposants de porter atteinte au paysage et au patrimoine. Les habitants ne comprennent pas ces accusations et les campagnes de dénigrement dont leurs éoliennes font l'objet, véhiculant des idées et des appréciations qui ne reflètent ni la réalité ni leur point de vue.

Pourquoi ce parc est-il l'objet de toute cette agitation ? Parce que la position respective de Notre-Dame-des-Miracles et des deux groupes d'éoliennes se prête assez bien à des photos prises à l'aide d'un puissant téléobjectif. Le clocher apparaît ainsi flanqué d'une ou plusieurs machines, dont on jurerait qu'elles sont implantées dans le jardin du presbytère.

Les visiteurs du parc éolien sont étonnés de la réalité. La perception du parc est bien différente de celle qui est véhiculée.

En haut : Parc éolien d'Avignonet-Lauragais en Haute-Garonne.

Page de droite : Parc éolien d'Ally en Haute-Loire.

La perception d'un parc éolien varie considérablement selon la saison, le jour, l'heure, le sens du vent, l'éclairage et la position de l'observateur.

Parc éolien d'Avignonet-Lauragais en Haute-Garonne, vu depuis l'est, en été, au fil du vent, du soleil et des heures.

Le même parc éolien, vu cette fois depuis le sud-ouest, en été, au fil du vent, du soleil et des heures.

L'éolien et le milieu naturel - Mila GALIANO

Le patrimoine naturel français est l'un des plus remarquable d'Europe. De nombreux moyens ont été mis en place afin de le protéger et de maintenir la richesse et la diversité qu'il représente. La protection de la nature s'effectue aussi bien par voie réglementaire (parcs nationaux, sites classés, sites inscrits, arrêtés préfectoraux de protection du biotope) que contractuelle (parcs naturels régionaux) ou foncière (Conservatoire du littoral). Des directives européennes complètent ce dispositif. Elles sont, par exemple, à l'origine de la création des zones de protection spéciales (ZPS). Tout en intégrant les exigences économiques, sociales et culturelles des territoires concernés, ces directives visent à favoriser et protéger la biodiversité.

Par ailleurs, des zones sensibles sur le plan environnemental sont inventoriées. Il s'agit des zones naturelles d'intérêt écologique faunistique et floristique (ZNIEFF) et des zones d'intérêt communautaire oiseaux (ZICO).

Toutes ces zones indiquent que la sensibilité environnementale des espaces de protection qu'elles délimitent est forte. Pour autant, elles ne sont pas obligatoirement des « zones d'exclusion de l'éolien ». Sous réserve d'une approche experte et particulièrement minutieuse, les territoires concernés ne sont pas incompatibles avec l'implantation d'éoliennes.

Aujourd'hui, tous les projets éoliens font l'objet d'une étude d'impact longue et rigoureuse dont le cadre et la méthodologie ont été développés dans le Guide d'étude d'impact éolien (ADEME-MEDD). L'objectif est de mettre en évidence l'état initial du site et les éventuelles incidences du projet sur les oiseaux, la faune sauvage et domestique, ainsi que sur la flore. Toutes les études sont réalisées en concertation avec les associations locales de protection de l'environnement.

L'évaluation de l'impact sur les oiseaux et les chiroptères est menée selon un protocole en trois phases. Une analyse initiale, sur au moins une année, destinée à connaître le milieu et les espèces présentes sur le site. On distingue les espèces nicheuses, migratrices et hivernantes, ainsi que celles qui sont protégées et que leur degré de rareté. Selon les résultats de cette première étape, une analyse des impacts éventuels sur les différentes espèces présentes est alors confiée à des associations ornithologiques. Outre le risque de collisions directes, les aspects liés à la modification des territoires de nidification ou de chasse sont étudiés. La troisième étape consiste à définir les mesures préventives (zones très sensibles à éviter) et les mesures réductrices (schéma d'implantation des éoliennes, période du chantier...).

Dans le même état d'esprit, l'évaluation des impacts sur la faune sauvage et domestique s'appuie sur le retour d'expérience des associations locales de protection de la nature et des fédérations locales de chasse. La phase de chantier, principal risque de dérangement, est particulièrement étudiée.

L'implantation d'éoliennes ne doit en aucun cas provoquer la disparition d'espèces végétales rares, voire endémiques. La prise en compte de la flore présente sur le site permettra de définir d'éventuelles zones à éviter, ainsi que les conditions d'implantation des machines et de déroulement du chantier. Des mesures de protection sont également étudiées, en fonction de la fréquentation potentielle par le public une fois le parc en exploitation.

Parc éolien du col de la Fageole dans le Cantal.

Éoliennes, oiseaux et chiroptères - Yann ANDRÉ

Le développement de l'éolien contribue à l'artificialisation du territoire français. Chaque année, environ 60 000 ha sont « consommés » par les activités humaines. Il est donc important de privilégier des zones déjà aménagées (zones agricoles intensives, zones périurbaines...) pour implanter des éoliennes, et ainsi éviter de participer à la pression incessante sur les zones naturelles, refuges de la biodiversité.

Pour les naturalistes, et les ornithologues en particulier, les éoliennes sont source de questionnements. Quels en sont les impacts sur les milieux et les espèces ? Ces hélices sont-elles de véritables « hachoirs à oiseaux » ? Les populations de chauves-souris sont-elles menacées ?

De nombreuses études, pour la plupart étrangères, ont démontré que des impacts existent et qu'ils peuvent être importants. Ainsi, le choix du site d'implantation d'un parc éolien est crucial. En effet, les impacts varient selon le degré de sensibilité du site choisi : un parc éolien très dense, en plein couloir de migration ou dans une aire de vie de rapaces, a des impacts forts en termes de mortalité.
En revanche, un parc situé en zone d'agriculture intensive et hors des principaux couloirs de migration est beaucoup moins impactant. Les effets sont très variables selon les espèces, les milieux, les infrastructures aériennes existantes, la topographie, les conditions météorologiques...

Des collisions entre oiseaux et éolienne, ou entre chauves-souris et éolienne, sont régulièrement observées. À l'inverse, les turbines peuvent avoir un effet épouvantail sur certaines espèces et réduire la surface des milieux qui leurs sont favorables pour se nourrir, élever leurs petits, se reposer et, ainsi, perturber la fonctionnalité des écosystèmes.

Une expertise de qualité est donc obligatoire. Elle permet, après avoir analysé précisément le milieu naturel, les espèces associées et le fonctionnement de la zone, de déterminer la configuration du parc éolien qui respectera le mieux la biodiversité. Cette expertise ornithologique tient compte des autres projets à venir ou existant déjà à proximité.

Lorsque, malgré ces efforts, des risques persistent, des mesures complémentaires sont nécessaires pour parvenir à un impact nul. Ainsi, le développement d'un parc éolien peut entraîner l'enfouissement de portions de réseau électrique dangereuses pour les oiseaux, la plantation de haies renforçant la qualité naturelle d'une zone agricole, la mise en gestion écologique de terrains, la protection renforcée de certaines espèces...

Le développement de l'éolien en France s'inscrit dans une politique de développement durable cohérente et ne doit pas entamer les efforts réalisés par ailleurs sur la protection du patrimoine naturel.
Au regard des impacts vérifiés et pressentis, il convient de privilégier les réflexions territoriales, afin d'assurer la compatibilité entre oiseaux et éoliennes. Ces exercices de planification permettent également d'anticiper les impacts cumulatifs.

Depuis 1995, la Ligue pour la protection des oiseaux (LPO) travaille sur la thématique de l'éolien. Elle a constitué un référentiel technique national qui recueille la bibliographie internationale et profite de son réseau BirdLife International pour échanger avec des partenaires de pays très avancés en éolien.
Plus largement, elle sensibilise le monde associatif naturaliste, ainsi que les acteurs privés et publics, aux méthodes facilitant l'intégration environnementale des parcs éoliens.

Vol de pluviers, échassiers migrateurs, à proximité d'une éolienne en Vendée.

De gauche à droite :
Circaète Jean-le-Blanc, nicheur sédentaire qui se nourrit essentiellement de couleuvres.
Engoulevent d'Europe, nicheur migrateur, chasseur d'insectes au crépuscule ou durant la nuit.

Le respect des oiseaux et des chauves-souris

Les oiseaux ont un sens particulièrement développé, la vue. Mis au service de leur instinct de survie, il leur permet notamment d'éviter les éoliennes. Les collisions accidentelles surviennent, généralement dans de mauvaises conditions de visibilité (pluie, brouillard...) ou d'attention (chasse, parade...).
Les études menées à l'échelle européenne indiquent un taux de mortalité moyen de l'ordre de 2 oiseaux par an et par machine. Dans certains pays, ce taux peut s'avérer plus élevé pour des parcs denses et situés dans des zones sensibles. Pour autant, dans une vision globale, la part de l'éolien devient infime comparée aux oiseaux tués par les lignes électriques, les voitures, les fenêtres, les immeubles vitrés, les chats domestiques, les chasseurs...

En France, il existe 31 espèces de chiroptères, mammifères vivipares nocturnes plus connus sous le nom de « chauves-souris ». Ces minuscules animaux s'orientent et chassent dans l'obscurité grâce à l'écholocation, sorte de sonar biologique qui fonctionne dans la gamme des ultrasons. Dès le crépuscule, les chauves-souris prennent le relais des oiseaux et peuvent attraper en une nuit jusqu'à la moitié de leur poids en insectes. Ainsi, une pipistrelle adulte de 6 g, espèce la plus commune en France, peut capturer 15 000 moustiques par mois.
En France, toutes les espèces de chauves-souris sont protégées par la loi depuis 1981.

L'impact des éoliennes sur les chiroptères est encore peu connu. Un diagnostic de terrain est donc systématiquement réalisé par des spécialistes. L'implantation des machines tient compte d'éventuels gîtes d'hivernage, de chasse ou de reproduction.

En dehors des couloirs migratoires, l'étude des impacts des éoliennes sur l'avifaune porte principalement sur le dérangement qu'elles engendrent pour les oiseaux. L'implantation d'un parc ne doit pas modifier profondément les zones de reproduction et de chasse des espèces vivant sur le site.

De nombreux retours d'expérience existent sur les parcs construits en différents points du globe à la fin des années 1980. À l'époque, les éoliennes étaient dix à vingt fois moins grandes. Pour avoir une puissance significative, il fallait en installer beaucoup, généralement sur une ligne de crête. Des « murs ou forêts d'éoliennes », autant impactants pour les oiseaux que pour le paysage, ont été construits à Tarifa, dans le sud de l'Espagne, ou en Californie. C'était une autre époque.
De nombreuses améliorations technologiques sont venues faciliter le partage de l'espace aérien entre les éoliennes et les oiseaux. Paradoxalement, l'augmentation importante de la taille des machines a réduit l'impact des parcs : pour une même puissance totale, elles sont 20 fois moins nombreuses et très espacées. Le rotor tourne beaucoup plus lentement et plus souvent, ce qui permet aux oiseaux de s'habituer à cet objet animé. Les mâts sont aujourd'hui tubulaires et blancs, en remplacement des pylônes treillis. Autant de facteurs qui réduisent les collisions.

Préalablement à l'implantation d'un parc sur un site, les ornithologues étudient l'avifaune nicheuse et migratrice sur un cycle annuel. Ils évaluent les conditions de cohabitation et, si la présence d'espèces rares et menacées l'impose, déterminent d'éventuelles zones d'exclusion. L'impact du chantier est également étudié afin d'éviter que la construction ne se déroule pendant la période de nidification d'une espèce repérée sur le site.

Sur des sites sensibles, une mesure préventive pourrait conduire à prévoir un arrêt temporaire de tout ou partie des éoliennes, dans certaines conditions météorologiques. Un automatisme analyserait alors en temps réel différentes données (force et direction du vent, présence de pluie, de brume ou de brouillard) qui, combinées entre elles, pourraient constituer un risque important pour certaines espèces.

Suivi ornithologique du parc éolien des Corbières maritimes dans l'Aude.

Éolien et environnement - Paul NEAU

Vous les trouvez belles, tant mieux ! Vous les trouvez laides, c'est dommage ! Mais, après tout, la question de la beauté des éoliennes vient après celle de leur utilité. Alors les éoliennes sont-elles utiles ?

Une éolienne de 80 m de diamètre, montée sur une tour de 80 m de hauteur, couvre la consommation électrique domestique de 4 000 personnes en moyenne. Mais si l'on optait pour un mode sobre de consommation et une utilisation performante des appareils électriques, cette éolienne couvrirait les consommations de plus de 3 000 foyers. Ce n'est pas rien !

Et c'est une production sans rejet de gaz à effet de serre, sans production de déchets toxiques. Et, surtout, c'est un moyen de production réversible, aisément démontable. Par exemple, la première éolienne raccordée au réseau, à Port-la-Nouvelle dans l'Aude, a été déplacée de plusieurs centaines de mètres, au bout de quelques années, poussée par l'avancée d'une carrière.

Si les éoliennes génèrent, comme toute activité humaine, des impacts sur l'environnement, elles ont aussi le « mérite » de rendre visibles ces impacts, au contraire d'autres sources d'énergie, souvent très éloignées du consommateur, dont les dommages n'apparaissent pas à l'action sur l'interrupteur.
Cacher à la vue des objets en mouvement culminant à 100 ou 120 m, voire plus en bout de pale, n'est pas l'objectif du travail des professionnels du paysage. L'objectif est de concevoir des parcs éoliens qui soient bien vus par ceux qui habitent un territoire ou le parcourent. Il s'agit d'organiser l'implantation des éoliennes en phase avec le paysage. Organiser l'implantation, c'est analyser le territoire et en extraire les enjeux. C'est-à-dire respecter les espaces emblématiques, réglementaires, porteurs de l'identité du territoire, fréquentés et appréciés par le public.

Le paysage est une perception humaine et le témoin des activités de l'homme, notamment énergétiques. Les mines de charbon, les moulins ou les tourbières d'hier, quasiment disparus aujourd'hui, ont façonné les paysages : il nous en reste des terrils, des ruines, des terres nues... Plus loin dans le temps, les déboisements du Moyen Âge, liés pour partie aux besoins de chauffage, ont transformé profondément les paysages.

Les éoliennes sont une des solutions à l'urgence écologique d'aujourd'hui, aux besoins d'énergie propre.

Les éoliennes peuvent être les phares du développement durable, car elles sont une composante de l'alternative aux combustibles fossiles et fissiles et parce qu'elles initient le débat sur nos « besoins » en énergie.

Les éoliennes sont de grandes girouettes : leurs voisins sont nombreux à les regarder pour savoir s'il y a du vent et d'où il vient. Les éoliennes sont aussi des signes paysagers de l'ingéniosité humaine face à un problème écologique.

Le poète se demandait si les objets inanimés avaient une âme. La question se pose moins pour les éoliennes : les éoliennes, c'est le mouvement, comme la vie.

Parc éolien de Goulien, situé près du cap Sizun, à 12 km à l'est de la pointe du Raz dans le Finistère.

LE CHOIX DE L'IMPLANTATION

Il n'y a pas de secret, il faut installer les éoliennes là où le vent souffle. Et plutôt là où il souffle fort, car l'énergie récupérable est fonction du cube de la vitesse du vent.

Toutefois, le système d'obligation d'achat de l'électricité produite par l'éolien est pondéré, afin d'encourager une répartition harmonieuse des parcs éoliens sur le territoire national et d'éviter des concentrations excessives dans les secteurs les plus ventés, comme les zones littorales ou les lignes de crêtes.

La mer propose également un gisement éolien formidable qui sera de plus en plus exploité. En rase campagne, les reliefs dégagés et certaines plaines sont les zones les plus favorables, mais d'autres facteurs entrent en compte dans le choix des sites. Il faut trouver des zones éloignées des habitations, tout en ayant une possibilité de raccordement électrique sur un « poste-source » à 10 ou 15 km environ. Les zones de développement de l'éolien, proposées par les collectivités locales souhaitant accueillir des éoliennes, déterminent localement les espaces les plus appropriés. Le choix d'un site doit respecter les zones soumises à servitudes, notamment aéronautiques ou radioélectriques et éviter les milieux naturels d'intérêt.

Parc éolien de Merdelou et Fontanelles dans l'Aveyron.

Parc éolien de la sierra de Guerinda en Navarre.

Comme pour tout aménagement important, une panoplie de lois, règlements, prescriptions techniques, servitudes, recommandations et bonnes pratiques encadre et limite considérablement l'implantation des éoliennes. De plus, des chartes, des schémas et les zones de développement de l'éolien, sont autant d'outils d'aide à l'aménagement du territoire et au développement concerté des parcs éoliens. Enfin, installer des éoliennes passe par la réalisation d'une étude d'impact sur l'environnement et d'une enquête publique. *In fine*, le permis de construire est délivré par le préfet de département.

Les zones de développement de l'éolien

Depuis le 15 juillet 2007, l'installation d'éoliennes s'inscrit dans un nouveau cadre réglementaire : les zones de développement de l'éolien (ZDE). Ce dispositif a été introduit par la loi de programme du 13 juillet 2005, qui fixe les orientations de la politique énergétique de la France.

Ces ZDE sont des espaces validés par le préfet, sur proposition d'une commune, d'une communauté de communes, d'une agglomération, d'une ville, ou d'un syndicat d'agglomération nouvelle.

Seuls les projets éoliens situés dans ces zones peuvent bénéficier, pendant les quinze premières années de fonctionnement, du tarif d'obligation d'achat, fixé par arrêté ministériel pour soutenir le démarrage de la filière.

Les zones de développement sont définies en fonction du potentiel éolien, des possibilités de raccordement aux réseaux électriques et de la protection des paysages, des monuments historiques et des sites remarquables et protégés.

Le dispositif ZDE donne aux collectivités locales la possibilité de s'engager sur cette forme de production décentralisée d'énergie. Les Directions régionales de l'industrie de la recherche et de l'environnement (DRIRE) sont chargées d'instruire les demandes.

Une concertation est mise en œuvre entre les services de l'État, les collectivités et les élus, pour engager à l'échelle intercommunale une dynamique territoriale reposant sur l'échange d'informations et la concertation. Les DRIRE travaillent en étroite collaboration avec les Directions régionales de l'environnement (DIREN) et les Services départementaux de l'architecture et du patrimoine (SDAP), compétents sur les aspects liés à la protection des paysages, des monuments historiques et des sites remarquables et protégés.

Le plancher et le plafond de puissance des installations, qui leur sont associés, sont proposés par les collectivités, puis arrêtés par le préfet.

Le dispositif des ZDE est également très attendu par le gestionnaire du réseau de transport de l'électricité (RTE) qui y voit un outil d'aide au développement de ses infrastructures, afin de mieux accueillir ce mode de production d'énergie électrique.

Parc éolien du col de la Fageole dans le Cantal.

Le bruit des éoliennes

Le bruit arrive souvent en tête des reproches que l'on fait aux éoliennes. Pourtant, à 300 ou 400 m de distance, le niveau sonore enregistré est de 45 dB(A), ce qui correspond à celui d'un bureau très calme. Dans la plupart des cas, le bruit du vent dans la végétation couvre complètement les sons produits par les éoliennes. Par précaution, pour éviter toute nuisance, il est d'usage d'installer les éoliennes à plus de 500 m des habitations. La Direction départementale des affaires sanitaires et sociales (DDASS), chargée des problèmes de bruit, approuve cette distance de 500 m entre une éolienne et la première maison. Mais, au-delà des bonnes pratiques et des préconisations, c'est la réglementation sur les bruits de voisinage qui protège les riverains. Tous aménagements confondus (installation industrielle, voies de circulation...), cette réglementation est la plus stricte de toutes les réglementations en vigueur en France.

Le retour d'expériences d'une vingtaine d'années et les progrès technologiques permettent aujourd'hui de concevoir des éoliennes silencieuses. De nouveaux profils de pales, des nacelles acoustiquement isolées, des carénages optimisés ont permis de réduire considérablement les risques de nuisance sonore.

Aujourd'hui, le bruit d'une éolienne est essentiellement aérodynamique : il provient de l'extrémité de la pale fendant l'air. Mais plus les éoliennes sont grandes, plus elles tournent lentement. Le bruit n'augmente donc pas avec la taille des machines.

Les éoliennes peuvent également être bridées à certains moments, afin de réduire d'éventuelles nuisances sonores dues à des vents particuliers. Le principe est de faire fonctionner au ralenti, la ou les machines concernées aux jours et heures les plus sensibles.

Le bruit d'un parc éolien oscille entre 40 et 50 dB (décibels), soit l'équivalent de l'intérieur d'une chambre. Au pied d'une éolienne, le niveau sonore s'élève à 55 dB, tandis qu'à 500 mètres, il n'est plus que de 35 dB. Comparé à d'autres sources sonores, il reste donc très acceptable.

Ainsi la chute des feuilles équivaut à 10 dB, tandis que l'environnement d'un bureau ou l'intérieur d'une maison oscille entre 50 et 70 dB. Une usine, quant à elle, produit en moyenne entre 100 et 110 dB, un peu moins qu'un marteau-piqueur (120 dB), ou bien encore de certains avions qui peuvent atteindre 150 dB au décollage.

Parc éolien du col de la Fageole dans le Cantal.

Parc éolien de la serre d'Oupia dans l'Aude.

Éoliennes et santé

Paul NEAU

Les éoliennes ne renferment aucun produit toxique, ne produisent aucun gaz à effet de serre, aucun effluent, aucun sous-produit... Lorsqu'on les démonte, pas besoin de dépolluer les sols. Elles ne peuvent donc guère avoir d'impact sur la santé publique.

Les infrasons sont parfois évoqués, et souvent entourés de rumeurs fantaisistes. Les infrasons sont un phénomène naturel, que le vent dans les arbres et les habitations, ou même la circulation automobile produisent quotidiennement.

Les effets stroboscopiques de l'ombre des pales en mouvement peuvent parfois être gênants. Ils sont évidemment limités à la proximité immédiate de l'éolienne. S'ils dérangent les riverains à certaines heures, au moment du coucher de soleil par exemple, ils peuvent être facilement supprimés en arrêtant la machine le temps nécessaire. Dans ce cas, l'automate de contrôle est programmé pour surveiller, à certaines périodes de l'année en fin de journée, la présence simultanée de soleil et de vent. Si de telles conditions étaient réunies, il immobiliserait l'éolienne.

Parc éolien de Goulien, à l'est de la pointe du Raz dans le Finistère.

La curiosité éolienne

Face au développement de l'énergie éolienne en France, principalement sur le littoral ouest-méditerranéen, on s'est demandé si la multiplication des projets était susceptible de nuire au tourisme, particulièrement développé dans cette région.
Une enquête menée en 2003 auprès de touristes en Languedoc-Roussillon a montré que ces craintes étaient infondées. Les éoliennes sont devenues localement des destinations de promenades ou d'excursions. Cette forme de tourisme technique a permis de créer des emplois de guide ou d'animateur qui assurent la visite des parcs éoliens. La présence des éoliennes peut représenter une bonne opportunité de diversifier l'offre en divertissement des territoires, en assurant au passage la promotion des énergies renouvelables et des économies d'énergie.
Il a été remarqué que certains touristes des pays du nord de l'Europe seraient même assez sensibles aux territoires qui mettent en œuvre une démarche de développement durable. Ils classent sans hésiter les éoliennes dans la catégorie des signes visibles de cet engagement.

À Bouin, en Vendée, un petit guide touristique édité par la mairie indique les centres d'intérêt et les sites à visiter. Il propose également plusieurs randonnées pédestres, dont les éoliennes constituent à chaque fois une étape.
À Donzère, près de Montélimar, dans la Drôme, comme à proximité de beaucoup d'autres parcs, les éoliennes sont signalées sur les panneaux routiers.

Parc éolien d'Oupia en Languedoc-Roussillon.

ÉOLIENNES ET IMMOBILIER

D'une façon générale, la présence d'un parc éolien n'influe guère sur le prix au mètre carré des terrains ou habitations alentours. Si certains ont pu observer une augmentation du prix de l'immobilier à proximité de parcs éoliens, c'est sûrement que la commune a plus de moyens pour choyer ses habitants et améliorer leur qualité de vie !

Manifestement, l'éolien ne déprime pas le marché immobilier : les promoteurs sont beaucoup plus sensibles à d'autres types de dégradation de l'environnement.
Les impacts d'un parc sont essentiellement visuels et parfaitement mesurables, sans commune mesure avec d'autres formes de réelles nuisances. L'éolien est en définitive une activité économique presque comme les autres, « presque » car elle est propre, renouvelable et synonyme de développement durable.

Le principe appliqué par de nombreuses communes rurales riveraines d'un parc est le même : partage du paysage implique partage des retombées financières. Le village de Treille dans l'Aude a depuis longtemps montré l'exemple des multiples utilisations sociales du complément de budget apporté par l'éolien. Le maire, Alain Bouton, insiste sur ce point : « Il est important que les habitants qui perçoivent le parc au quotidien puissent mesurer de manière tangible les impacts positifs pour la commune. »

Construction d'un programme de maisons individuelles à proximité du parc éolien de Fitou dans l'Aude.

Éoliennes et faune

À travers le monde, il n'a jamais été mis en évidence un impact significatif des éoliennes sur les mammifères.

Les vaches, et autres animaux élevés à proximité d'un parc, ne semblent pas être plus importunés par la présence d'une éolienne que par le passage d'un train.

Par ailleurs, des études sur la faune sauvage ont montré que les espèces sont en mesure de s'habituer à la présence et au fonctionnement des éoliennes dans leur milieu naturel. Ainsi, l'implantation d'un parc n'engendre pas de déplacement durable du gibier.

Seule la phase de construction représente un facteur momentané de perturbation.

Une fois le parc en service, la fréquentation régulière du site par des promeneurs peut, dans certains cas, apporter une gêne au menu gibier.

Selon l'aménagement des abords, cette nuisance est limitée au chemin d'accès, voire à une seule éolienne du parc, plus facile à atteindre par les visiteurs.

Les quelques visites annuelles du personnel d'entretien et de maintenance sont une gêne insignifiante pour la faune sauvage.

Elevage au milieu du parc éolien de Goulien, en Bretagne.

Les opposants aux éoliennes - Zéphirin PHÉBUS

Gustave Eiffel et Zéphirin Phébus, même combat. Les choses n'ont pas changé, en plus d'un siècle, entre les opposants à la tour Eiffel de 1887 et ceux des éoliennes de 2007.

Les critiques au projet de Gustave Eiffel d'ériger une grande tour au cœur de Paris sont très instructives. Elles montrent des similitudes étonnantes entre les objections initiales à la tour Eiffel et les critiques faites aux éoliennes d'aujourd'hui.

Gustave Eiffel avait obtenu l'accord du gouvernement français pour construire ce qui devait être la pièce centrale de l'Exposition universelle de 1889 : une tour en acier de près de 300 m de hauteur. Gustave Eiffel était alors un ingénieur reconnu dans la construction de ponts, viaducs, barrages, églises... La structure interne de la statue de la Liberté éclairant le monde, c'était lui.

Un des objectifs de Gustave Eiffel, avec la construction de cette tour, était de mettre les merveilles de la science au service de l'humanité.

Le projet même de la tour suscita d'ardentes hostilités. En 1887, une « protestation des artistes » contre son édification est signée, entre autres, par : Charles Gounod, Charles Garnier, Alexandre Dumas fils, Sully Prudhomme, Lecomte de Lisle et Guy de Maupassant.

Comme aujourd'hui pour l'éolien, les opposants invoquèrent toutes sortes de maux et de dangers. Un célèbre mathématicien prédit que la tour s'effondrerait après avoir atteint le troisième étage. On annonça que la tour, non seulement heurterait les sensibilités artistiques, mais serait aussi une menace pour la santé publique, la sécurité et le bien-être.

L'élitisme des opposants joua aussi un rôle dans la controverse. Les écrivains parisiens vilipendèrent la tour Eiffel parce qu'elle défigurait la capitale. Son caractère démocratique (la tour fut construite pour les millions de visiteurs de l'Exposition universelle) et son caractère financier (Gustave Eiffel paya lui-même la tour) représentaient alors l'antithèse des aspirations de la haute société française.

Remplacer « tour Eiffel » par « éoliennes » et « Paris » par « la France » dans leur texte de protestation est édifiant :

« Nous venons, écrivains, peintres, sculpteurs, architectes, amateurs passionnés de la beauté jusqu'ici intacte de Paris, protester de toutes nos forces, de toute notre indignation, au nom du goût français méconnu, au nom de l'art et de l'histoire français menacés, contre l'érection, en plein cœur de notre capitale, de l'inutile et monstrueuse tour Eiffel, que la malignité publique, souvent empreinte de bon sens et d'esprit de justice, a déjà baptisée du nom de tour de Babel. (...)

« La ville de Paris va-t-elle donc s'associer plus longtemps aux baroques, aux mercantiles imaginations d'un constructeur de machines, pour s'enlaidir irréparablement et se déshonorer ? (...)

« Il suffit d'ailleurs, pour se rendre compte de ce que nous avançons, de se figurer un instant une tour vertigineusement ridicule, dominant Paris, telle une gigantesque cheminée d'usine, écrasant de sa masse barbare (...) tous nos monuments humiliés, toutes nos architectures rapetissées, qui disparaîtront dans ce rêve stupéfiant.

Éoliennes Nordex du parc éolien de Moisy dans le Loir-et-Cher.

« Et, pendant vingt ans, sur la ville entière, frémissante encore du génie de tant de siècles, nous verrons s'allonger comme une tache d'encre l'ombre de l'odieuse colonne de tôle boulonnée. »

Malgré ce mouvement d'opposition, la Tour Eiffel devint très vite populaire. Dès la première année, deux millions de personnes la visitèrent.

Que penser de l'accueil accordé aujourd'hui par certains à l'énergie éolienne en France ? Les analogies avec celui réservé au projet de tour de M. Eiffel sont surprenantes. Les arguments sont transposables. On peut de façon troublante comparer la dangerosité des prétendus infrasons des éoliennes, les pronostics de crises d'épilepsie ou de cancers, avec tous les maux annoncés pour la future Tour de Gustave Eiffel. De la même manière, le soutien populaire à l'éolien est fort comme en témoignent les réunions, visites et enquêtes.

Mais Gustave Eiffel ne se laissa pas intimider. Il répliqua. Chaque constructeur d'éoliennes ou chaque concepteur de parc éolien peut faire sienne la réponse qu'il donna le 14 février 1887.

« Je crois, pour ma part, que la Tour aura sa beauté propre. Parce que nous sommes des ingénieurs, croit-on donc que la beauté ne nous préoccupe pas dans nos constructions et qu'en même temps que nous faisons solide et durable, nous ne nous efforçons pas de faire élégant? Est-ce que les véritables conditions de la force ne sont pas toujours conformes aux conditions secrètes de l'harmonie ? (...)
Or de quelle condition ai-je eu, avant tout, à tenir compte dans la Tour ? De la résistance au vent. Eh bien ! je prétends que les courbes des quatre arêtes du monument, telles que le calcul les a fournies (...) donneront une grande impression de force et de beauté ; car elles traduiront aux yeux la hardiesse de la conception dans son ensemble, de même que les nombreux vides ménagés dans les éléments mêmes de la construction accuseront fortement le constant souci de ne pas livrer inutilement aux violences des ouragans des surfaces dangereuses pour la stabilité de l'édifice.
Il y a, du reste, dans le colossal une attraction, un charme propre, auxquels les théories d'art ordinaires ne sont guère applicables. »

Gustave Eiffel sait qu'il lui faudra du temps pour que sa tour soit acceptée. Blaise Cendrars et Paul Gauguin l'adoptent. Sully Prudhomme reconnaît son erreur. Guillaume Appolinaire enfin la célèbre : « Bergère, ô tour Eiffel, le troupeau des ponts bêle ce matin. ».

Et puis, plus tard, croisant un soir le musicien Gounod, un des « protestataires », Eiffel l'emmène dans son automobile, lui fait prendre l'ascenseur jusqu'au sommet du « monstre » vilipendé. Alors, Gounod s'installe et joue sur le piano que l'ingénieur a installé là-haut, dans son minuscule appartement près des nuages.

La vie, un éternel recommencement ?

Boralex

L’avenir de l’éolien

L'éolien en Europe - Jean-Yves GRANDIDIER

L'éolien constitue un moyen de produire de l'énergie électrique sans émission de gaz à effet de serre. Pour cette première raison, il est très largement accepté dans l'opinion publique européenne. Les enquêtes régulièrement réalisées sur le sujet le confirment sans équivoque.
Mais quand les européens auront été informés que l'éolien possède des qualités allant bien au delà de la production propre et renouvelable d'énergie, cette filière sera alors plébiscitée et pourra devenir un acteur majeur du mix électrique européen. Quelques vérités sont donc à faire circuler au-delà du monde des énergéticiens :

- en plus de se substituer à de l'électricité produite à partir de charbon ou de gaz, l'éolien est souvent présent au moment où nous avons le plus besoin d'énergie électrique. Comme le rappelle RTE dans son bilan prévisionnel 2007 : « L'éolien réduit les besoins en équipements thermiques nécessaire pour assurer le niveau d'approvisionnement souhaité ».
- parce que son coût de production ne dépend pas du prix d'un combustible, l'éolien sera un facteur de stabilité des prix de l'électricité. En Espagne, ou au Danemark, les prix sur le marché spot (instantané) baissent lorsque les éoliennes tournent, parce que cette production évite la mise en route de centrales à charbon plus coûteuses ;
- à l'horizon de trente ans, la combinaison de deux technologies récentes, éolien offshore et transmission par ligne haute tension en courant continu, permettra la construction d'un super réseau électrique en mer. Son tracé fera le tour de l'Europe continentale afin de collecter la production éolienne marine. Ce super réseau sera l'occasion de renforcer les interconnections entre pays, en particulier avec les « péninsules électriques » que sont le Royaume Uni, l'Irlande, voire l'Espagne et l'Italie, en passant par la Côte d'Azur.

Cette solution pourrait être une alternative pertinente aux projets de renforcement des interconnexions terrestres. En effet, ces ouvrages posent des problèmes, soit d'acceptabilité par les populations riveraines, comme dans le cas du projet de ligne 400 000 V entre la France et l'Espagne à l'Est des Pyrénées, soit de faisabilité environnementale, comme dans le cas du projet de ligne « Boutre-Carros » qui devait traverser le parc national du Verdon. Avec un tel réseau offshore, l'éolien sera un puissant facteur d'intégration du marché électrique européen.

A l'horizon 2030, avec 150 000 MW installés à terre et autant en mer, l'éolien produira quelques 900 TWh (900 milliards de kWh) et représentera pratiquement 25 % de la consommation européenne d'électricité. Comment une telle prévision peut-elle sembler réaliste, sachant que la production européenne d'électricité d'origine éolienne a été d'environ 100 TWhen 2006 ?
Les prévisions concernant l'éolien ont toujours été dépassées par la réalité. En 1997, l'association européenne de l'énergie éolienne (EWEA), avait pronostiqué 40 000 MW éoliens installés dans l'Europe des 15 à fin 2010. Cette estimation avait d'ailleurs été reprise à l'époque dans le livre blanc de l'Union Européenne. Au lieu de 2010, cet objectif a été atteint dès 2005, et la puissance prévisionnelle pour 2010 s'élève à 78 000 MW. Compte tenu de la très forte expansion du secteur éolien, il est difficile d'anticiper finement les conséquences des évolutions technologiques, ce qui incite les professionnels à faire des prévisions conservatrices.
Cela dit, cette évolution technologique permet d'envisager de disposer à partir de 2020, pour l'éolien en mer, d'éoliennes de 200 m de diamètre et de 15 MW de puissance unitaire.

Des turbines d'une telle puissance, couplée au super réseau, permettront de rendre compétitive l'installation sur des supports flottants et donc d'augmenter considérablement le potentiel éolien maritime européen.
A l'échelle de l'Europe, si l'éolien se substitue pour moitié à des centrales charbon existantes et pour le reste

Parc éolien de Sottevast dans la Manche.

à des centrales à cycle combiné gaz, les émissions évitées seraient d'environ 650 millions de tonnes de CO2, représentant 10 % des émissions totales actuelles de l'Europe.
Les impacts positifs de l'éolien sont essentiellement environnementaux (réduction des émissions et des pollutions), économiques (meilleure intégration du marché électrique, stabilité des prix) et sociaux, avec la perspective de création de plus d'un million d'emplois pour fabriquer, installer et entretenir les éoliennes.

Au-delà, dans un contexte de pénurie et de prix élevé de l'énergie, et compte tenu de l'immensité du potentiel restant à exploiter en mer, cela ajouté à la nécessité de renouveler le parc terrestre, on peut supposer que l'éolien continuera à se développer à un rythme rapide. Il aura alors une influence importante sur l'évolution de nos modes de consommation d'énergie. Par exemple, il orientera la rénovation du bâti ancien vers des solutions de chauffage par pompe à chaleur en substitution au chauffage central au gaz, énergie qu'il faudra réserver à des usages plus nobles. Ces systèmes intégreront des moyens de stockage qui permettront une bonne adaptation entre production éolienne et consommation.

En fait, l'éolien constitue tout à la fois un symbole et un des déterminants du changement de paradigme énergétique qui nous attend. Mais, pour que celui-ci joue pleinement le rôle qui devrait être le sien dans les années qui viennent, il faut maintenant le rendre désirable auprès de nos concitoyens.

LA CROISSANCE MAÎTRISÉE DE L'ÉOLIEN

Les dimensions des éoliennes ne sont pas comparables à celles des moulins à vent. Mais nos routes et autoroutes sont-elles comparables aux chemins d'il y a deux siècles ? Le monde change. En 1800, il y avait 20 000 moulins à vent en France. Si le réseau électrique le permettait, l'implantation de 20 000 éoliennes correspondrait aujourd'hui à une puissance installée de 40 à 50 000 MW. Soit, en termes d'énergie délivrée annuellement, l'équivalent de plus d'un quart de la production de tout le parc électronucléaire. Mais ce n'est pas l'objectif visé.

En l'état actuel des connaissances et de la technologie, les gestionnaires de réseau estiment que l'on peut accepter, sans aucune difficulté, jusqu'à 10 à 15 % d'électricité d'origine éolienne sur un système électrique national. Pour la France, cela représenterait environ 17 000 MW d'éolien à installer, soit entre 6 et 8 000 éoliennes. À ce jour, 1 700 éoliennes tournent déjà et représentent près de 2 500 MW de puissance en service.

Parcs éoliens de Merdelou et Fontanelles, au sud de l'Aveyron dans le parc naturel régional des Grands Causses.

Les techniciens de chez Vergnet ne montent jamais dans la nacelle d'une éolienne. C'est elle qui vient à eux, au niveau du sol, afin d'assurer les opérations d'entretien et maintenance, ou de mettre la machine en sécurité à l'approche d'un cyclone. Un simple élévateur d'atelier permet d'accéder à tous les composants et de manipuler les plus volumineux.

Intervention sur un prototype d'éolienne de moyenne puissance sur le site d'essais de Lastours dans l'Aude.

Les pays du « *Farwind* », marchés d'avenir

Marc VERGNET

Pour vouloir devenir un industriel de l'éolien français dans les années 1980, il fallait être fou. La France avait fait le choix du nucléaire et s'y tenait rigidement. Il était incongru d'imaginer une énergie renouvelable aux côtés de cette énergie royale.

Pourtant, je voulais faire de l'éolien. J'ai donc décidé d'aller le développer dans les contrées lointaines, là où l'électricité est produite à partir de pétrole, dont j'anticipais la raréfaction et l'augmentation de prix, là où il y a des vents réguliers et où tout le monde connaît les alizés, qui ont porté tous nos grands navires vers la découverte de nouveaux continents et le commerce des épices.
Mais, très vite s'est posée la question du corollaire des alizés : les cyclones. Une éolienne ne peut y résister. Par ailleurs, une éolienne c'est une grosse machine, comment la transporter et l'installer sur des sites du bout du monde, difficiles d'accès ?

À force d'imagination et d'obstination, une technologie originale est née : celle des éoliennes qui résistent aux conditions cycloniques, notamment en zones subtropicales. Comment ? Tout simplement en se « couchant » à l'approche des vents violents. Autre avantage directement lié : si on peut la coucher, on peut aussi la construire au sol, puis la relever, sans grue et sans logistique particulière.
Les choix technologiques d'une éolienne bipale avec unmât haubané ont permis de réaliser une machine légère, qui s'abaisse et se relève en moins d'une heure. Composée d'éléments légers, on peut la transporter dans des conteneurs classiques et sur des camions au travers de réseaux routiers modestes, voire de simples pistes.

Développer une telle technologie pour ces régions, c'était marier la carpe et le lapin. Une technologie rustique, voire agricole, pour intervenir dans le monde de l'aérodynamique et de l'électronique de puissance. Il en a fallu des compromis, des essais et des ratés.

Avec cette machine tellement différente des machines conventionnelles, puisque frêle et élégante, maintenue par des haubans, avec ses deux pales qui tournent telles les libellules dans les cieux tropicaux, je me suis trouvé un jour en face de hauts responsables d'EDF dans les DOM. C'était en Guadeloupe, et plus précisément sur l'île de La Désirade, pour réaliser une centrale éolienne qui serait raccordée au réseau électrique de cette île du bout du monde.
J'ai eu la chance de rencontrer un interlocuteur qui – bien que peu convaincu par l'éolien et sa contribution possible – m'a permis de faire à mes risques et périls, la première centrale au monde couplée à un petit réseau Diesel.
Quelle aventure que cette centrale de l'île de La Désirade ! Toute la petite entreprise de l'époque était sur le pied de guerre pour que ces machines fonctionnent parfaitement... et le projet a réussi. EDF le reconnaît : les éoliennes produisent du kilowattheure propre, sur un réseau Diesel qui consomme un pétrole cher et polluant.

C'est là que l'aventure du seul industriel totalement français de l'éolien a commencé. Dans les départements d'outre-mer, où l'électricité est produite essentiellement à partir de pétrole, EDF nous a permis de réaliser une, deux, trois, dix, puis trente-deux centrales éoliennes. Elles contribuent aujourd'hui d'une façon significative à la production d'électricité consommée dans ces îles.

Dans le cadre d'une démarche de développement durable, de création d'emplois et de compétences, de véritables sociétés de l'éolien ont été créées par Vergnet dans chacun des départements et territoires d'outre-mer des zones Caraïbes, Pacifique Sud et océan Indien.
Des techniciens et des ingénieurs ont été formés pour toutes ces structures, qui font majoritairement appel à des personnels locaux. C'est le mariage d'une approche technologique et d'un environnement économique et socioculturel qui, seul, permet de créer et de mettre en place des outils pour le développement.

Aujourd'hui, ces structures s'enorgueillissent d'une large contribution au bien-être des îliens, mais aussi du succès de l'export à partir de ces « postes avancés ». L'expérience de la Guadeloupe a séduit les Cubains, bientôt les Dominicains, le Panamá et le Nicaragua... La Nouvelle-Calédonie a convaincu les îles Fidji, le Vanuatu et la partie cyclonique de l'Australie.

Si l'éolien se développe significativement dans les pays du Nord, n'oublions pas la centaine de pays émergents ou en développement, qui représentent 1,5 milliard d'individus, condamnés à produire leur électricité à partir de pétrole, tout en affichant une très forte croissance de consommation. Le nucléaire ne leur sera jamais accessible et ils risquent même, demain, de ne plus avoir accès au pétrole, qui se raréfiera et dont le prix sera inabordable.

Le vent est leur grand espoir. Dans ces contrées qui bénéficient souvent d'un gisement éolien puissant, il engendre des économies de 30 à 40 % par rapport à la production d'électricité à partir de pétrole. En outre, il permet une parfaite harmonie entre le développement économique et des emplois au pays, entre des possibilités de transfert de technologie, et la création de richesse. Comme le dit si bien le chef d'équipe de la centrale de Kafeate en Nouvelle-Calédonie : « Je suis venu à l'éolien par hasard. Mais maintenant, c'est mon truc. C'est propre, c'est naturel et c'est renouvelable. »

Demain, l'éolien sera présent dans la plupart des pays du « *Farwind* ». Dans ces pays, près de 130 au total, il convient de développer des technologies adaptées, pour que 2,5 milliards de personnes aient droit, elles aussi, à l'énergie, préalable essentiel à leur développement.

Les emplois dans l'éolien

Aujourd'hui, en Europe, plus de 100 000 personnes travaillent dans la filière éolienne. En France, si le développement continue à son rythme actuel, on estime un besoin de 30 000 emplois en 2010. Dans moins de dix ans, plus d'un million d'Européens pourraient travailler dans l'éolien.

En haut : Déchargement et transport des éoliennes du parc éolien d'Assigny en Seine-Maritime.
En bas : Montage d'une pale du parc éolien d'Assigny en Seine-Maritime.

Retouche de peinture juste avant le levage du mât d'une éolienne Enercon du parc éolien d'Assigny en Seine-Maritime.

LEVAGE
CHERBOURG

Boralex

Les meuniers des temps modernes

Les techniciens de maintenance des éoliennes voient la vie d'en haut. Leurs capacités sont inhabituelles et leurs compétences multiples. Électriciens, mécaniciens, électromécaniciens, spécialistes des machines tournantes, ils doivent aussi savoir intervenir sur une pale pour vérifier son état général et garantir un fonctionnement en toute sécurité.

Page de gauche : Parc éolien d'Ally en Haute-Loire. Ci-dessus : Maintenance d'un parc éolien en Allemagne.

Les petites machines installées sous les tropiques et dans les pays du « *Farwind* » emploient de la main d'œuvre locale. À l'approche d'un cyclone, une procédure précise de mise en sécurité est lancée. Les opérateurs qualifiés couchent toutes les machines et les maintiennent au ras du sol sur des supports. Dès le lendemain de la tourmente, les techniciens vérifient les machines, les redressent, et les remettent en production.

Page de gauche : Remplacement d'un anémomètre sur le toit de la nacelle d'une éolienne Jeumont (Areva) à Widehem dans le Pas-de-Calais.
En haut : Parc éolien de Petite Place à Marie-Galante en Guadeloupe, constitué de 25 aérogénérateurs 60 kW.
En bas : Techniciens préparant le levage d'une pale à Assigny en Seine-Maritime.

Les nouveaux métiers autour de l'éolien

L'éolien crée de nouveaux métiers : la tâche la plus délicate est sans doute celle confiée aux experts chargés de l'étude d'impact environnemental. À partir de nombreuses observations sur le terrain et de mesures, les paysagistes et les ingénieurs doivent imaginer la meilleure implantation des éoliennes, puis simuler à l'aide d'outils informatiques et de photos, la perception du futur parc en différents points d'observation.
Le retour d'expériences est essentiel. Les bureaux d'études intègrent régulièrement les facteurs de succès que leur indiquent les parcs exemplaires.

L'éolien est également à l'origine d'une nouvelle « catégorie » de banquiers. Au-delà des fonds propres de l'investisseur, un parc éolien peut représenter jusqu'à 80 % de financement en dette bancaire classique, c'est-à-dire d'emprunt qu'il faudra rembourser. Même si certains avaient déjà financé de nombreux projets hydrauliques, les banquiers étaient prudents à la vue des premiers projets éoliens. Pourtant, une poignée d'entre eux y a cru, dès le départ. Seuls, ou à plusieurs sur le même projet pour mutualiser les risques, ils se sont lancés dans le financement de l'éolien. À force de visites sur le terrain, dans les usines et chez les développeurs, ils ont appris à connaître le vent, la façon de l'évaluer, les performances des machines, la qualité des projets et les bonnes pratiques des développeurs. Aujourd'hui, ces banquiers « durables » maîtrisent beaucoup d'aspects concernant les éoliennes. Ils se sont presque spécialisés et se tournent naturellement vers d'autres filières renouvelables : biomasse, grands générateurs solaires photovoltaïques...
Autant de projets qui justifient des embauches d'économistes et d'ingénieurs dans leurs équipes.

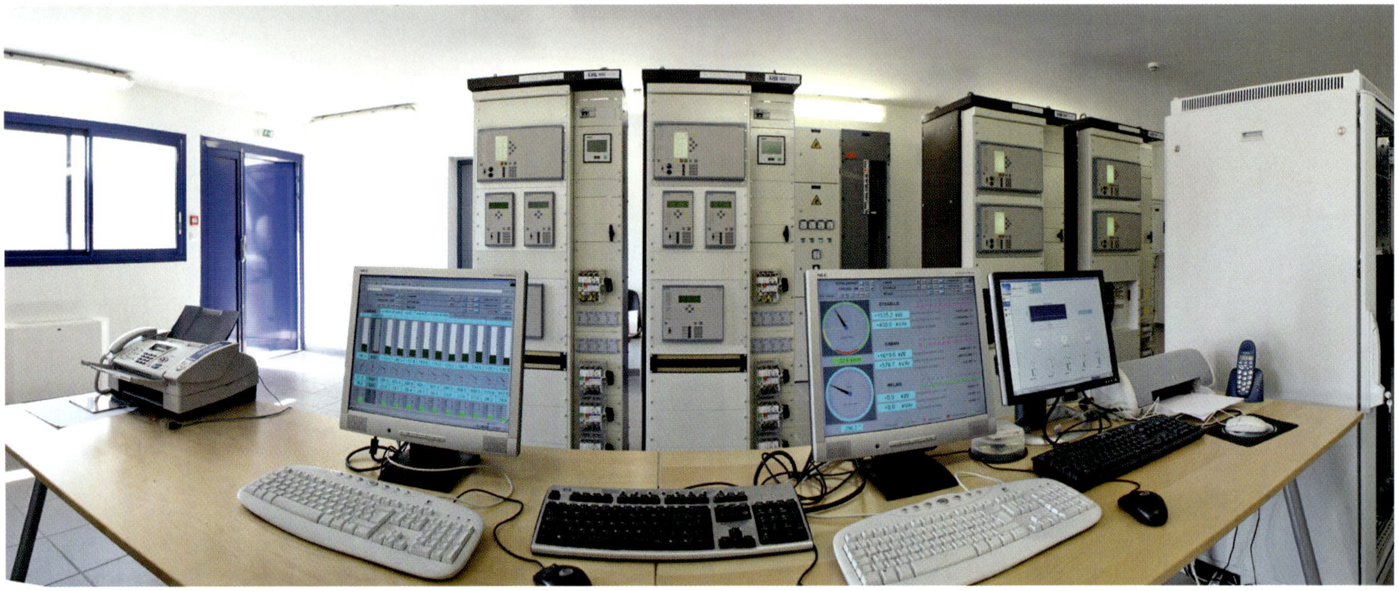

L'éolien mobilise aussi beaucoup d'électroniciens et d'informaticiens. **Salle de contrôle du parc éolien de Port-Saint-Louis-du-Rhône.**

.16

Demain, la mer... Philippe GOUVERNEUR

Immense, reposante, puissante, nourricière, elle est, dit-on, le berceau de la vie. Les gens de mer la respectent et la redoutent, les peintres et les poètes s'en inspirent. Hugo, Melville, Hemingway, Trenet, en ont vanté la beauté, la force, les dangers...

Elle contient des trésors enfouis, pas seulement des galions, mais aussi de multiples ressources, des organismes de toutes sortes, des minerais, du gaz, du pétrole et, bien sûr, de l'hydrogène à foison.

Et voici que le Danemark, précurseur de l'exploitation de l'énergie éolienne sur terre, ouvre une nouvelle voie. Fin 2006, avec 700 MW en mer, il affiche déjà plus de la moitié de la puissance éolienne offshore installée en Europe.

Du vent plus fort et plus régulier, et la France si richement dotée en termes de gisement, c'est la formidable opportunité du développement éolien en mer qui s'annonce.

Politiques et énergéticiens se prennent à rêver : objectif 4 000 MW pour la France en 2015, plus encore pour le Royaume-Uni et peut-être 25 000 MW en 2030 pour notre voisin allemand.

Les défis sont nombreux : administratifs, organisationnels, humains, techniques. Les professionnels sauront les relever en composant avec la nature, en l'apprivoisant et, surtout, en la protégeant. La mer subit déjà des agressions, conséquences de la satisfaction de nos appétits de consommateurs : pollution, pêche intensive, trafic, réchauffement climatique... L'éolien offshore se doit de ne pas faire peser une nouvelle contrainte sur cet équilibre fragile.

L'éolien en mer prend son essor, tandis que de nombreux chercheurs travaillent à la possible exploitation des formidables énergies marines : vagues, houle, courants, marées, gradient thermique... Le vent et l'eau obéissent aux rythmes de la planète. Comment ne pas croire en un potentiel infini pour les énergies renouvelables ?

Parc éolien offshore de North Hoyle en Grande-Bretagne.

L'ÉOLIEN EN MER : UNE RÉALITÉ

La « rugosité » d'un terrain, d'un paysage, influence la qualité du gisement éolien. En mer, rien ne vient perturber le déplacement des masses d'air. Le vent y est donc plus fort, plus régulier et moins turbulent qu'à terre. Les travaux sont beaucoup plus complexes, mais l'expérience acquise par de nombreux opérateurs, notamment pour la construction des plates-formes pétrolières, est transposable pour de nombreux aspects des fondations.

Certains parcs offshore du nord de l'Europe tournent depuis plus de quinze ans, d'autres, plus récents, ont prouvé la faisabilité et la fiabilité de parcs de plusieurs centaines de MW.

La technologie actuellle permet de réaliser des parcs en zone peu profonde, jusqu'à 20 ou 30 m de profondeur d'eau, et à une distance de 10 à 20 km des côtes. Différents constructeurs ont développé des machines spécialement destinées à l'offshore. Les plus puissantes atteignent 6 MW pour un diamètre de rotor de plus de 126 m.

L'investissement plus élevé pour un parc éolien en mer est compensé par la qualité du gisement et par la possibilité d'installer des machines plus puissantes.
Des études d'impacts de qualité sont obligatoires. Elles permettent de concilier les spécificités du domaine public maritime, notamment ses différents usages (pêche, cultures marines, loisirs nautiques...), et la préservation des milieux naturels. Par ailleurs, les éoliennes doivent être compatibles avec l'organisation de la sécurité de la navigation maritime. Enfin, comme à terre, la loi impose le démantèlement et la remise en état du site, une fois l'exploitation achevée.

Éolienne V90 de 3 MW du parc offshore de Kentish Flats en Grande-Bretagne.

Le premier parc éolien français en mer

Retenu dans le cadre de l'appel d'offres lancé en 2003 par le ministère de l'Industrie, Veullettes–sur-Mer est un projet pilote de 21 aérogénérateurs de 5 MW, soit 105 MW de puissance installée.
Les éoliennes seront disposées selon 3 lignes parallèles de 7 aérogénérateurs dans un axe nord-ouest-sud-est. Afin de limiter les effets de sillage, qui perturbent le bon fonctionnement des machines, les intervalles seront de 800 m entre les éoliennes d'une même ligne et de 1 400 m entre chaque ligne. La machine la plus proche de la côte sera à environ 6 km et la plus lointaine à 11 km. Le parc couvrira une surface totale de l'ordre de 15 km^2. La zone retenue est compatible avec une éventuelle extension ultérieure.

La profondeur de l'eau est de 24 à 28 m, avec un marnage de vive-eau moyen de l'ordre de 8 à 9 m. La houle, qui se forme sous l'action répétée du vent, vient de l'ouest, plus rarement du sud-ouest. La hauteur moyenne des vagues varie de 1 à 1,25 m. Les valeurs maximales lors de tempêtes présentent des variations de 3 à 6 m. Quant à la vitesse des courants, une vitesse moyenne de 2,5 nœuds a été mesurée dans la zone.

Les éoliennes retenues sont des Multibrid de 5 540 kW de puissance nominale, équipées d'un rotor de 116 m de diamètre. Chaque pale pèse 16,5 t, le rotor 60 t et la nacelle 200 t. Compte tenu d'une récente acquisition du groupe, ces machines seront désormais étiquetées « Areva ».

La vitesse moyenne du vent à hauteur de nacelle est de l'ordre de 9 m/s (32 km/h), avec une direction dominante ouest-sud-ouest. Le nombre d'heures de fonctionnement du parc à pleine puissance devrait dépasser 2 950 heures par an, soit un facteur de charge proche de 34 %.
Compte tenu des 105 MW de puissance installée, cela représente 310 millions de kWh de production annuelle, soit la consommation électrique d'environ 180 000 personnes hors chauffage. Cette énergie sera transportée par des câbles sous-marins et souterrains, puis injectée sur le réseau électrique.

Photomontage numérique du projet de parc éolien offshore de Veullettes-sur-Mer en Seine-Maritime. Simulation des éoliennes telles qu'elles seront vues de la jetée de Saint-Valéry-en-Caux.

4 000 heures de fonctionnement par an

Première machine du projet de démonstration Béatrice, une éolienne Repower de 5 MW est installée depuis août 2006 à proximité d'une plate-forme pétrolière. À 23 km des côtes écossaises et par plus de 40 m de fond, elle fonctionne près de 4 000 heures par an à l'équivalement de sa puissance nominale. Une seconde machine vient de la rejoindre.

Ce projet prévoit un vaste programme d'évaluation environnementale. Celui-ci étudiera les impacts du bruit des travaux et du fonctionnement sur les poissons et les mammifères marins, les effets sur les fonds marins, le comportement des oiseaux, les effets électromagnétiques autour des câbles électriques sous-marins…

Une étude sera également réalisée sur l'interaction du projet avec les activités de pêche et la navigation maritime. Bien qu'elles soient très éloignées de la côte écossaise (22 à 24 km), la perception visuelle des éoliennes dans le paysage sera également évaluée.

Éolienne offshore Repower
de 5 MW installée à proximité
de la plate-forme pétrolière Béatrice.

A2SEA

Barge d'assemblage d'une
éolienne du parc offshore de
Scroby Sands en Grande-Bretagne.

Airtricity
GE Wind Energy
MAMMOET VA

Assemblage d'une éolienne sur le parc éolien offshore d'Arklow Bank au large de l'Irlande.

Les sept machines General Electric de 3,6 MW sont équipées d'un rotor de 104 m de diamètre et sont installées sur un mât de 103,5 m de hauteur totale, dont 30 m sont sous l'eau. La barge-grue flottante de 1 200 t est immobilisée à l'aide de quatre pieds à crémaillère qui prennent appui sur le fond de la mer pendant les travaux.

Eoliennes domestiques - Olivier KRUG

Au début du XXe siècle, les États-Unis ont connu un formidable essor des petites éoliennes, un peu comme celui que connaît la Chine de nos jours. Faute d'un réseau électrique national suffisamment développé, beaucoup de fermes isolées se sont équipées de petits aérogénérateurs afin de satisfaire leurs besoins en éclairage ou d'alimenter la radio, vecteur des nouvelles du monde.

Des éoliennes comme les « Jacobs » ou les « Windcharger » étaient alors des objets presque communs et plusieurs milliers d'entre elles brassaient le vent du Middle West.

Dans les années 1950, les grands travaux de développement du réseau électrique ont mis un terme à ce développement. L'énergie abondante et bon marché, immédiatement disponible, a causé la disparition de la plupart des installations isolées. Pourtant, ces éoliennes avaient fait la preuve de leur pertinence et de leur fiabilité.

Aujourd'hui, le marché de l'énergie évolue très vite et nous promet de belles perspectives pour le futur. La demande internationale croissante, les risques liés aux unités de production centralisées, l'ouverture du marché à la concurrence et les changements dans nos habitudes de vie, nous rendent de plus en plus dépendants des réseaux de distribution. C'est une vérité pour l'eau, mais aussi pour l'alimentation, les déchets et, surtout, l'énergie. Nous avons récemment vécu des hausses de prix du pétrole et du gaz qui nous l'ont rappelé de manière directe.

Quelle réaction plus logique, alors, que de vouloir acquérir plus d'indépendance, plus d'autonomie ? Produire soi-même son énergie devient une évidence et parmi les solutions techniques disponibles, l'éolien semble l'une des mieux placées. Il existe aujourd'hui des petites éoliennes qui sont de pures merveilles technologiques. Du coup, l'engouement est énorme. Outre sa fonction de production électrique, une petite éolienne devient un symbole de libération, affiché haut et fort. Un pied de nez au conformisme, associé à un grand bol d'air pur. Avec une éolienne, on vit différemment. On est un peu un pionnier.

Pourtant, mettre en place une éolienne n'est pas une chose simple. Nombreux sont les obstacles à franchir. Bien sûr, il faut du vent. Beaucoup de vent. Et, par nature, le vent est difficile à évaluer. Afin de limiter les risques, il faut monter le chercher le plus haut possible à l'aide d'un mât. Cela impose de franchir la longue et difficile étape du permis de construire. Il faut, en particulier, rappeler aux services de l'État, instructeurs du permis, qu'une petite éolienne n'est pas une grande éolienne. Elle n'a donc pas d'impact sur le « grand paysage ». La procédure demande beaucoup d'efforts et de patience. Mais le jeu en vaut la chandelle.

Ensuite vient le choix du type de système : autonome ou raccordé au réseau public d'électricité. Certains préfèreront l'autonomie complète. Soit parce que le site est trop loin du réseau, soit par philosophie. Et, peut-être aussi, pour le plaisir d'avoir de la lumière quand tout le monde est dans le noir à cause d'une coupure de courant ! Mais l'autonomie est exigeante, elle demande plus d'efforts. Il faut accepter de vivre avec le climat et son tempérament capricieux, donc apprendre à gérer un parc de batteries pour avoir de l'électricité lorsque le vent ne souffle plus.

La deuxième option est de raccorder le système au réseau. Dans ce cas, l'éolienne se comporte comme un appareil électroménager. Mais au lieu de consommer de l'énergie, elle en produit. La facture d'électricité se trouve alors réduite et peut même devenir négative ! C'est en tout cas possible dans de nombreux pays, États-Unis, Belgique, Italie..., malheureusement pas encore en France. En effet, dans notre pays, il n'existe qu'une seule législation, commune aux grandes et aux petites éoliennes. Cette législation récente a été conçue pour répondre aux problématiques des grands parcs éoliens et n'est absolument pas adaptée aux petites unités domestiques.

Il y a encore beaucoup de progrès à faire pour reconnaître l'éolien domestique, qui doit devenir une filière de production d'énergie à part entière, disposant d'un cadre légal adapté.

Que cela ne décourage pas les convaincus, ils ouvriront la voie. Et ne nous y trompons pas, la France dispose de l'un des meilleurs potentiels éoliens du monde. Les petites éoliennes seront bientôt des objets courants de notre environnement, car toute source d'énergie propre et renouvelable aura son rôle à jouer.

Éolienne individuelle Bergey de 7 m de diamètre, pour une génératrice de 10 kW, installée sur un mât de 18 m, reliée au réseau électrique près de Rodez dans l'Aveyron.

Éolienne individuelle Proven Energy de 3,5 m de diamètre, pour une génératrice de 2,5 kW, installée sur un mât de 12 m, reliée au réseau électrique près de Rennes-le-Château dans l'Aude.

À gauche : Éolienne individuelle AWP de 3,6 m de diamètre, pour une génératrice de 1,5 kW, installée sur un mât de 12 m, reliée au réseau électrique dans l'Aveyron.
À droite : Éolienne Proven Energy de 5,5 m de diamètre, pour une génératrice de 6 kW, installée sur un mât de 18 m près de Ambert dans le Puy-de-Dôme. L'éolienne alimente un refuge de montagne et un restaurant d'altitude, non reliés au réseau. L'électricité est stockée dans un parc de batterie.

Aérogénérateur de 10 kW, équipé d'un rotor bipale de 7 m de diamètre, alimentant depuis vingt ans la ferme isolée de Récoumpatot, sur la commune de Villerouge-Termenès dans les Corbières.

La ferme de Récoumpatot

Cette installation a évité le tirage d'une ligne électrique de 2 km en région montagneuse et environnementalement sensible. La maison, qui abrite une famille de 4 personnes, une petite exploitation agricole et un bureau professionnel, est équipée de tout le confort (chauffage électrique, congélateur, lave-linge, électroménager, hi-fi, vidéo, informatique, fax, etc.). L'eau chaude sanitaire et le chauffage sont également assurés par l'éolienne, lorsque la charge du parc de batteries est terminée. Un groupe électrogène d'appoint fonctionne quelques jours par an, en cas d'absence prolongée de vent. L'installation a été reprise en concession par EDF depuis 2000.
Pionnier français de l'éolien domestique en site isolé, et convaincu de la pertinence des solutions énergies renouvelables, l'exploitant du site est devenu bureau d'études de projets d'électrification rurale décentralisée.

Les îles de Glénan

Aérogénérateur de la centrale éolienne et photovoltaïque autonome de Saint-Nicolas-des-Glénan, sur les îles de Glénan dans le Finistère.
Depuis 1993, cet aérogénérateur de 10 kW, équipé d'un rotor bipale de 7 m de diamètre, est couplé à un générateur photovoltaïque de 9,4 kW. L'énergie produite vient en substitution de celle d'un groupe Diesel de 40 kW.
Ce système, basé sur la complémentarité des gisements éolien et solaire, permet de substantielles économies de fioul et assure une totale autonomie à l'île, même quand toutes communications et liaisons avec le continent sont impossibles.

Aérogénérateur de la centrale éolienne et photovoltaïque autonome de Saint-Nicolas-des-Glénan, sur les îles de Glénan dans le Finistère.

Village de Tagant au sud du Maroc.

Éolien en sites isolés

Le village de Tagant, dans la province d'Essaouira, est équipé depuis 2002 d'un aérogénérateur Vergnet. Cette petite éolienne de 3 kW alimente en électricité l'école du village et le logement des institutrices.
Dans la même province, à Moulay Bouzerktoune, une éolienne de 15 kW, produisant en substitution d'un groupe Diesel, assure l'alimentation de 65 foyers (400 habitants) au travers d'un miniréseau local autonome de près de 3 km. La mosquée, le siège de la commune, une école et une auberge sont également alimentés.

Une filière professionnelle organisée - André ANTOLINI

La France s'est fixé pour objectif de produire et de consommer 21 % d'électricité d'origine renouvelable en 2010, contre 13 % actuellement, provenant majoritairement de l'hydraulique. Cet objectif, encadré par la loi de programme du 13 juillet 2005 fixant les orientations de la politique énergétique, ne peut être atteint qu'avec une puissance éolienne de 10 000 à 15 000 MW, complétée par les autres énergies renouvelables que sont la biomasse, l'hydraulique, le photovoltaïque et la géothermie.

L'éolien occupera donc une place essentielle dans le bouquet énergétique de demain.

Au cours des premières années de développement de cette nouvelle forme d'énergie sur le territoire français, les parcs étaient construits sur appels d'offres. Quelques erreurs d'implantation, qui se comptent sur les doigts d'une main, furent certainement commises. Par ailleurs, les éoliennes d'ancienne génération et la réglementation balbutiante n'étaient alors pas adaptées à une implantation optimale des projets, notamment du point de vue de leur impact paysager.

Pour résumer, comme toute activité naissante, l'éolien a « essuyé les plâtres ».

Cette période est révolue et différents sondages d'opinion prouvent que les éoliennes modernes sont bien acceptées par les Français qui, à 90 %, soutiennent l'énergie éolienne.

Parallèlement, le contexte législatif et réglementaire a changé et les professionnels du secteur se sont structurés.

À l'horizon 2010, 300 à 400 nouveaux parcs s'ajouteront aux 1 500 éoliennes déjà installées en France. L'évolution de la législation et des systèmes de soutien favorisera une répartition harmonieuse de ces parcs sur l'ensemble du territoire.

Désormais, grâce au dispositif des zones de développement de l'éolien, seules les collectivités locales sont à l'origine des parcs éoliens. L'autorisation finale de construire un parc est délivrée par le préfet, après enquête publique, étude d'impact et consultation de l'ensemble des acteurs concernés, au premier rang desquels figure la commission des sites.

Les grands énergéticiens français, comme EDF, Areva ou Gaz de France prennent une part active dans l'éolien qui, en 2020, représentera une puissance installée de 25 000 MW et génèrera près de 60 000 emplois. À cet horizon, sa contribution sera significative au nouvel engagement qu'a pris notre pays de porter à 20 % la part des énergies renouvelables, dans sa consommation totale d'énergie.

Énergie propre en devenir, l'éolien est plus que jamais au cœur des enjeux économiques et industriels du développement durable.

André ANTOLINI

Président du Syndicat des énergies renouvelables (SER)

Parc éolien d'Ally en Haute-Loire.

Parc éolien offshore de Horns Reef
au Danemark.

Remerciements

À Bernard Lajouanie, chef du service Communication professionnelle et Édition de l'ADEME.

À Sylvie Pierre, responsable de la médiathèque de l'ADEME, pour la très riche iconographie qu'elle a soigneusement constituée et pour sa contribution passionnée au choix des images.

À Marie-Laure Lamy et Cyril Carabot pour leur aide précieuse au cours de la rédaction de l'ouvrage.

À Paul Neau, Jean-Marc Noël et Mila Galiano pour leurs conseils et leur relecture minutieuse.

À Béatrice, Guillaume et Alice, pour leur patience tout au long de ce travail.

Pour en savoir plus

Sites Internet :

ADEME : www.ademe.fr
SER : www.enr.fr
France Énergie Éolienne : www.fee.asso.fr

Planète Éolienne : www.planete-eolienne.fr
European wind energy association (EWEA) : www.ewea.org
LPO : www.lpo.fr

Ouvrages

Éoliennes en 52 questions / réponses.
Édité par Systèmes solaires. www.energies-renouvelables.org

Les bruits de l'éolien. Rumeurs, cancans, mensonges et petites histoires.
Édité par Systèmes solaires. www.energies-renouvelables.org

Guide du développeur de parcs éoliens.
Édité par l'ADEME. www.ademe.fr

Guide de l'étude d'impact sur l'environnement des parcs éoliens.
Édité par l'ADEME et le ministère de l'Écologie. www.ademe.fr

Crédit photos

Photos primées en 2006 lors du concours SER-FEE « Éoliennes en perspective » :

Sébastien Arnould
p 118-119.

Alain Bachelier
p 10-11.

Alain Bertrand
p 8-9.

Pascal Lecoeur (2ème prix)
p 120-121.

Régis Lombart
Couverture, p 23.

Hervé Martin
p 14-15.

Yves Perton (1er prix)
p 20-21.

Jean-Louis Aubert / ADEME
p 19, 71, 73.

Christian Aussaguel / LPO
p 99 (en bas).

Roland Bourguet / ADEME
p 16, 17 (à droite), 27, 29, 41, 56, 85, 86, 88, 93, 97, 107, 108, 117, 125, 130, 133 (en haut), 153.

Philippe Brulé
p 150 (en haut).

Francis Cormon
p 77, 115.

Monique Fauré
p 92.

Olivier Krug
p 147, 148-149.

Jacques Le Goff / ADEME
p 12-13, 18 (au milieu), 26, 33 (en haut), 37, 38, 48, 89.

Stéphane Leitenberger
p 24-25, 30-31, 34, 44, 59, 60 (en bas), 61 (en haut et en bas), 62-63, 64, 68, 69 (en bas), 70 (à gauche), 72, 127, 128, 129, 133 (en bas).

Paul Neau / ABIES
p 43 (en bas), 94-95.

Valérie Petitjean / ADEME
p 49 (en haut), 74, 104, 123.

Philippe Rocher / Metrol
p 32, 33 (en bas), 40, 43 (en haut), 45, 48, 49 (en bas), 50, 52, 53 (en haut), 60 (en haut), 61 (au milieu), 66, 69 (en haut), 75, 90, 105, 112, 124, 132, 151.

Wilfrid Rouff / ADEME
p 84, 91, 134.

Olivier Sebart / ADEME
p 17 (à gauche), 18 (en haut), 35, 46, 67 (en bas), 103, 109, 110, 111, 113, 135, 150 (en bas).

Frédéric Signoret / LPO
p 99 (en haut).

Avec l'aimable autorisation de :

Airtricity
p 144-145.

ABIES
p 101 (en bas).

Compagnie du Vent
p 18 (en bas).

Vestas Wind Systems A/S
Lars Schmidt p 6-7, 78 (en haut), 83, 131, 136, 138, 142-143, 154-155.

Enertrag
p 139.

LPO
p 101 (en haut).

Nordex
p 67 (en haut), illustration p 51.

Repower
p 53 (en bas), 70 (à droite), 80, 140-141.

Rollix
p 78 (en bas).

Vergnet
p 49 (au milieu), 54-55, 82, 125.

Direction éditoriale : Gérard Maoui
Conception graphique : Catherine Dussert
Photogravure : APS
Imprimé en France par MAME, Tours
Dépôt légal : décembre 2007
N° d'édition : 1104
ISNN 978-2-7491-1104-9